UI设计
炼成记

[日]境祐司　小浜爱香　森本友理　野田一辉　北村笃志　有吉学　编著

崔倩倩　译

U0244325

中国青年出版社

图书在版编目（CIP）数据

UI设计炼成记 /（日）境祐司等编著; 崔倩倩译. -- 北京: 中国青年出版社, 2022.1
ISBN 978-7-5153-6501-5

I. ①U… Ⅱ. ①境… ②崔… Ⅲ. ①人机界面-程序设计 Ⅳ. ①TP311.1

中国版本图书馆CIP数据核字（2021）第157700号

版权登记号01-2020-6632
WEB DESIGN STANDARD TSUTAWARU VISUAL ZUKURI TO CREATIVE NO SAISHIN GIHO
Copyright © 2019 Yuji Sakai, Aika Kohama, Yuri Morimoto, Kazuki Noda, Atsushi Kitamura, Manabu Ariyoshi
Chinese translation rights in simplified characters arranged with
MdN Corporation through Japan UNI Agency, Inc., Tokyo

侵权举报电话

全国"扫黄打非"工作小组办公室　　　　中国青年出版社
010-65233456　65212870　　　　　　010-59231565
http://www.shdf.gov.cn　　　　　　　E-mail: editor@cypmedia.com

UI设计炼成记

编　　著: [日]境祐司　[日]小浜爱香　[日]森本友理
　　　　　[日]野田一辉　[日]北村笃志　[日]有吉学
译　者: 崔倩倩

出版发行: 中国青年出版社　　　　　　印　刷: 天津融正印刷有限公司
地　址: 北京市东城区东四十二条21号　开　本: 787 x 1092　1/16
电　话: (010) 59231565　　　　　　　印　张: 9.5
传　真: (010) 59231381　　　　　　　字　数: 164千
网　址: www.cyp.com.cn　　　　　　　版　次: 2022年1月北京第1版
企　划: 北京中青雄狮数码传媒科技有限公司　印　次: 2022年1月第1次印刷

艺术出版主理人: 张军　　　　　　　　　书　号: 978-7-5153-6501-5
责任编辑: 徐安维　　　　　　　　　　　定　价: 89.90元
策划编辑: 曾晟、杨佩云
书籍设计: 乌兰

本书如有印装质量等问题，请与本社联系
电话: (010) 59231565
读者来信: reader@cypmedia.com
投稿邮箱: author@cypmedia.com
如有其他问题请访问我们的网站: http://www.cypmedia.com

前言

随着网络的发展，"网页设计"所涵盖的设计领域逐渐扩大。在过去，网页设计只需为一个可以在电脑上查看的网站设计视觉效果。然而近年来，用户与网站的距离进一步拉近，越来越多的人通过智能手机而不是家用电脑浏览网站。

过去人们主要是在家里舒适地上网获取信息和娱乐，但现在我们需要设计出更好的网站，引导用户在外出时或在火车上找到他们需要的内容。要做到这一点，你要通过布局和色彩方案清晰地传达信息，学习用户界面（UI）的可用性，并从用户体验设计（UX）的角度理解用户行为和需求的原则。

在这本书中，我们对当前的网页设计领域进行了全面的概述，这对初学者来说可能很难掌握。从设计的基础知识，如布局和色彩方案，到用户体验设计、构成网站的用户界面和图形的作用和要点，以及动作设计的实用性，本书介绍了处于该领域前沿的作者掌握的知识和专长，并结合实际案例介绍了符合网站调性或建站目的的多样化设计。读者朋友们或许能从中获得制作灵感。

我们希望这本书对那些正在学习网页设计的人和那些想扩大自己的领域并迈向更高层次的人来说是有用的。

本书的使用方法

本书为网页设计学习者讲解了网页设计的基础知识和网页特有的设计思路，并为大家介绍了活跃于一线的网页设计师所需要的各领域知识和技巧。

本书的结构如下。

解说篇

案例篇

介绍｜网站搭建的流程

本章介绍网站的运行机制，网站搭建的流程及网页设计师应该发挥的作用。

第1章｜布局

本章介绍网站布局的特点，设计师需要掌握的布局基本理论和方法。

第2章｜配色

本章介绍配色的基本功能，网站配色的思路，品牌标准色的使用方法，多种色彩的组合方式。

第3章｜UX设计

本章介绍UX设计的基本知识，与UI设计的概念差异，网页设计必备的UX设计相关知识，UX设计的多种方式及案例。

第4章｜UI、图形设计

本章介绍网站各组成部分的特点，图形元素的使用方法，文字设计等实际进行网站设计和制作时的要点。

第5章｜动态设计

本章介绍设计师应如何设计含有动态图像、效果等动态元素的网站。

注意事项

本书中记载的公司名称、程序名称、系统名称等一般为公司的商标或注册商标。

正文中未明确标记™、®。

本书根据截至2018年10月的信息进行编写，此后样式等可能发生变更，因而本书记载内容可能存在与实际不符的情况。

本书作者、株式会社MdN Corporation对于本书记载内容所导致的一切损失概不承担任何责任。敬请知悉。

目录

第 **2** 章 | **配色**

第 **3** 章 | UX 设计

第 **4** 章 | UI、图形设计

第 5 章 | 动态设计

网站搭建的流程

在介绍网页设计涉及的各领域知识之前，我们先来了解一下网站制作相关的前提知识。

本章将介绍网站运行的技术原理，网站的分类及创建目的，网站搭建的整体流程及其中网页设计师应该发挥的作用。

通过了解全局，你会对网页设计的定位有一个更清晰的认识。

01

网站的运行机制

要

点

与纸质书籍、杂志等纸媒不同，网站最大的特点是没有实体，

可以在世界任意角落、在多种终端上被浏览。

那么，网站的运行机制是什么呢？

本节将为大家进行介绍。

网站设置在互联网的网页服务器上

什么是网页服务器

如果只在自己的电脑上搭建网站的话，其他人是无法浏览的。存放网站文件的服务器叫作"网页服务器"，将网站的数据上传到网页服务器上，其他用户就能够浏览该网站了。

网页服务器有许多种类，最常见的是LAMP架构的服务器。它是在Linux的OS上运行网页服务器Apache HTTP Server、数据库软件MySQL、PHP（或Python、Perl）等协议语言的环境。在服务器上运行以上软件，网站就能够正常发挥作用了 **图1**。

什么是统一资源定位符（URL）

URL是Uniform Resource Locator的缩写，是网站的地址。因为世界上不存在两个相同的URL，所以全世界的任何一个人只要输入相同的URL，就都可

以浏览同一个网页（可能会根据用户使用的语言切换显示内容）。

URL的组成结构如 **图2** 所示。

什么是浏览器

浏览器是用来浏览在PC端或手机端运行的网站的软件。浏览器能够读取HTML、CSS、JavaScript等语言，并将内容显示为网页的形式。

浏览器分为多个种类，知名的浏览器如 **图3** 所示。图中浏览器基本都是按照网络标准团体万维网联盟（W3C）规定的样式制作的，在不同的浏览器或不同的版本下显示时可能会存在小bug或显示差异，所以一般网站制作完成后，会在不同浏览器或设备上测试显示效果。

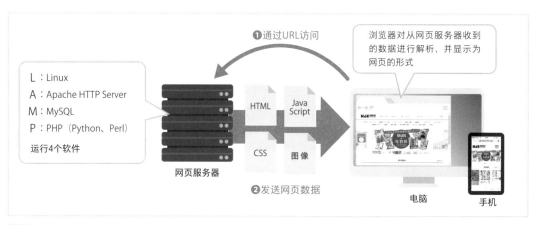

图1　网页数据放置在网页服务器上

图2　URL的结构

设备	浏览器
手机	Google Chrome
	Safari
	Firefox
电脑	Google Chrome
	Internet Explorer
	Firefox
	Safari
	Edge
	Opera

图3　常用浏览器

用HTML、CSS、JavaScript描述网站

网站会将HTML、CSS、JavaScript及图像、视频等元素组合显示。下面介绍一下各种语言的作用。

HTML用于描述内容

HTML是网页的主干。HTML通过叫作"标签(TAG)"的文字列来定义文件的结构。如 图4 所示，出现两个<h1>标签，表示<h1>和</h1>之间的文字——"网页设计趋势"为标题（这叫作"标记"）。

另外，HTML还能够调出CSS、JavaScript、图像等其他文件。

CSS用于描述装饰或外观

与HTML文件相对，CSS语言用来描述进行视觉表现的"样式表（style sheet）"。HTML描述的是各部分的功能，比如"这里是标题""这里是正文""这里是菜单"，但是标题的文字大小、正文的行间距等视觉表现是由CSS来定义的。

CSS按照 图5 的样式进行描述。选择符可以指定要定义HTML文档的哪一部分。属性和值按照"font-size：15px"这样的形式成套描述，以指定将哪个属性（这里是文字大小）怎样（这里是15px）展示。CSS还可以描述简单的动画等。

JavaScript用于描述动作

如果需要描述CSS无法表现的复杂动画，或需要根据用户的操作切换显示内容，或需要添加交互，通过动作引导用户操作等，则需要使用JavaScript来进行描述。比较常见的是具有轮播滑块或选项卡等动作的UI 图6 。

服务器端编程语言

除此之外，还有PHP、Ruby、Perl等语言用于服务器端编程。比如用户在Twitter发布的状态，如果不保存在数据库中，这条状态就无法再次展示。与数据库之间产生数据交易时，就需要用到在服务器端运行的服务器端编程语言。

图4　HTML的标记

h1{font-size:15px;}

属性（指定属性）

选择符（指定HTML中的要素）　　值（指定展示方法）

图5　CSS书写的基本格式

图6　使用JavaScript制作的轮播滑块案例

仅靠HTML及CSS无法展示的动作需要使用JavaScript

02 网站的种类和功能

要点 虽然都叫作网站，但每一个网站的建站目的各不相同。
而如果建站目的不同，那么网站设计也应该有所区别。
本节将一般业务中制作的网站，分为5类进行介绍。

企业网站

企业网站可以说是企业的脸面。它的重点在于企业业务的整体概览，而不是强调单个商品或服务。网站展示的代表性内容包括"业务介绍""企业新闻""投资者信息""企业社会责任信息""招聘信息"等。

通常情况下，投资者、客户或应聘者等是为了了解企业的可信度而访问企业网站的，所以企业网站的设计大多比较正式，且重视信息的整理，一般不追求娱乐性 **图7**。如果业务形态是B to C（面向一般消费者的业务），则可能会有部分访问者希望获取商品或帮助等信息，通常网站会为这一部分顾客设置"顾客通道"等引导。

图7 企业网站设计案例

雅虎株式会社（https://about.yahoo.co.jp/）
与门户网站"Yahoo! Japan"相比就能清晰地感受到设计方面的差异

电商网站

以亚马逊为代表的电商网站的建站目的则是为了促使消费者购买商品。通常页面布局的要点是清晰地展示商品照片，激发消费者的购买欲望。商品数量较多的网站为了便于消费者寻找所需商品，会增加基于商品分类或价格区间的商品筛选功能，也会增加排行榜或相关商品推荐等功能。其目的就是想通过各种方式提升消费者的购物体验 **图8**。

另外，电商网站会产生金钱交易，所以必须重视网站的可信度。而且电商网站需要填写的表单较多，所以表单的使用体验将直接关系到网站的收益，这也是电商网站的一大特点。

图8 电商网站设计案例

日本亚马逊（https://www.amazon.co.jp）
商品种类导航非常丰富，易于用户找到目标商品

媒体网站

　　媒体网站的目的是提供网络上的新闻或最新信息，主要有新闻网站和自媒体两种。新闻网站以广告或付费内容为收益来源，自媒体作为企业宣传的一部分，主要传递企业产品相关信息。前者主要是报社、通讯社等大众媒体的网站，而我们更有可能参与制作的则是后者——自媒体。

　　因为媒体网站的目的是使用户阅读报道，所以其特点是将大量的信息整理并展示，重视文字的易读性，使用户能够专注于阅读。另外，因为自媒体也会发挥品牌宣传的作用，受众群体比较固定，所以比一般的新闻网站更需要通过设计来展现其价值观 **图9** 。

图9　媒体网站设计案例

鬼冢虎官方杂志
（https://www.onitsukatigermagazine.com/）
通过设计充分展现了简约的品牌形象

推广网站

　　推广网站是为了提升特定商品、服务或活动的知名度而制作的网站。其关键在于"广泛传播"，所以设计方面会使用华丽的动作、加入大量的视频或动画等，注重娱乐性 **图10** 。

　　而且大多数推广网站只有一个页面，所以设计方面比起向下级页面拓展，更加注重页面的视觉冲击力。因为推广网站重要的一点是展现价值观，所以其特点之一便是要注重美学表现。除此之外，也有许多推广网站希望在社交网站（SNS）上引发热门话题，所以还需要添加社交网站分享按钮等用户引导路径。

图10　推广网站设计案例

探索！京都大学（https://www.kyoto-u.ac.jp/explore/）
单击滚动按钮，页面上会跳出各种各样的元素，网页设计具有很高的娱乐性

登录页

　　登录页也是为了推广特定商品或服务而制作的网站，与推广网站的区别是，登录页一般是用户点击广告后跳转到的页面，主要用于引导用户完成特定的行为，例如"购买""预约""下载软件"等 **图11** 。

　　登录页基本只有一个页面。另外，需要在网页重要位置反复设置转化按钮等，通过设计技巧尽力促成用户的转化。

图11　登录页设计案例

Spotify（https://www.spotify.com/jp/premium/）
"赶快开始吧"的按钮十分醒目

03

网站搭建的流程及设计师的作用

要点

网站制作需要各个方面的技能，所以通常会分工完成。

本节将介绍网站搭建的常见流程及其中设计师应发挥的作用。

网站搭建的标准流程

网站搭建的流程根据网站的种类各有不同，这里介绍常见的流程 **图12**。

❶建站委托、需求采访

收到网站搭建的委托后，需要先向客户确认预算、交付时间等必要条件，回访客户并了解搭建网站的目的是解决什么问题。根据制作网站的不同目的，例如提升公司知名度，进行品牌宣传推广，促进特定商品的销售，还是获得注册会员、预约等直接目的，网站所需要的功能和规模也各不相同。设计师有时也会顺便在回访中确认网站的调性。

❷明确必要条件、确定样式

根据客户期望和面临问题的相关回访结果，将网站的制作方案、目标、必要的功能和性能、工作内容等编写成相应文件。该文件将会成为后续流程的基础，所以为了防止后期返工，应避免遗留模棱两可的问题。

❸网站设计

样式确定之后，接下来便开始制作网站的页面结构、用户引导路径、页面线框图（Wireframe）等。这一步将确定网站的骨架，是至关重要的一步。到这里为止的流程基本都是由项目经理来负责，设计师通常会从网站设计开始参与进来。

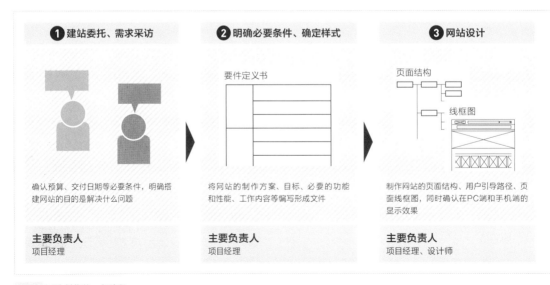

❶ 建站委托、需求采访	❷ 明确必要条件、确定样式	❸ 网站设计
确认预算、交付日期等必要条件，明确搭建网站的目的是解决什么问题	将网站的制作方案、目标、必要的功能和性能、工作内容等编写形成文件	制作网站的页面结构、用户引导路径、页面线框图，同时确认在PC端和手机端的显示效果
主要负责人 项目经理	**主要负责人** 项目经理	**主要负责人** 项目经理、设计师

图12　网站制作的一般流程

❹设计制作

　　根据线框图进行实际页面的视觉设计。一般会利用Photoshop或Sketch等软件制作静态视觉稿（Mock-up）。同时需要说明首页与二级页面的跳转方式及需要添加动作时的跳转方法。

　　另外，需要编写设计指南等文件。

❺安装

　　设计完成之后，为了使网页能正常发挥作用，需要对视觉稿的必要部分进行切图，利用HTML、CSS、JavaScript进行编码。一般会在这一阶段对动态设计进行细致的调整。

　　另外，视需要还会进行服务器端编程或CMS组件化。

❻测试、修改

　　网站制作完成后，需要上传至与实际运行环境相同的网页服务器上，进行内部测试或用户测试等工作。如果发现问题，及时修改，确保网站质量没有问题后再发布。

❼上线

　　将网站上传至实际运行环境的服务器上，公开网站。如果承接了网站上线后的运行或维护等工作，则还会进行网站更新，定期测试使用效果，进行改善。

近年来的常用流程

　　网站安装完成后，如果发现问题再修改就会比较麻烦。所以近年来越来越多的网站制作采用了原型设计。也就是首先制作原型图（Prototype），确认实际的画面跳转和交互动作，由用户或工作人员一边测试效果一边完善。

　　在Prott或AdobeXD等原型设计工具 **图13** 中，将图像连接即可以表示画面跳转或交互效果。这样一来，就可以在开始编程之前验证动作和操作性是否恰当。

图13　原型设计工具例图

Prott（https://prottapp.com/ja/）

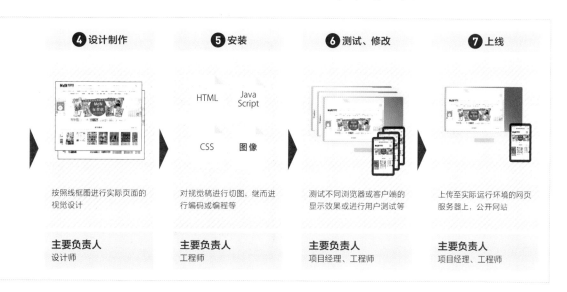

❹ 设计制作	❺ 安装	❻ 测试、修改	❼ 上线
按照线框图进行实际页面的视觉设计	对视觉稿进行切图，继而进行编码或编程等	测试不同浏览器或客户端的显示效果或进行用户测试等	上传至实际运行环境的网页服务器上，公开网站
主要负责人 设计师	**主要负责人** 工程师	**主要负责人** 项目经理、工程师	**主要负责人** 项目经理、工程师

网页设计师应发挥的作用

完成符合目标群体的设计

每一个网站都存在目标群体。制作出符合用户喜好的设计，也就是网站的调性是网页设计的重点。

例如，如果网站的目标群体中包含40多岁的男性，而网站风格是可爱风的话，那么40多岁的男性就会感觉"这个网站不适合我" 图14 。

当然，我们也希望设计师有能力提出更好的布局和展示建议，而不仅仅是遵循线框图。

设计中需要考虑网站后续的运营及更新

与推广网站等不同，如果网站需要时常更新，必须在设计阶段就提前将图像或文字等内容的替换考虑在内。所以，更新频率较高的地方，因为难以安装，所以应该避免使用只能依靠图像的页面装饰，使页面布局能够满足文字量增减或图像更改的要求 图15 。在设计过程中就需要时刻考虑到后续流程中应该怎样安装。

不断完善使用感

除了静态网页的制作，很多情况下设计师还会对UI部分的效果、功能、画面跳转的动画等提出意见。在这种情况下，一般工程师会使用JavaScript安装，安装动作之后，还需要根据实际的效果提出修改意见，进行微调整。例如"速度再慢一些""动作启动再快一些"等 图16 。

编写设计指南

通常情况下网站设计需要多位设计师共同完成，所以为了统一设计风格，需要编写设计指南。更新网站时如果需要增加新的部件，也需要根据设计指南制作，所以需要认真撰写设计指南 图17 。

图14　完成符合目标群体的设计

网站设计的调性如果不符合目标群体的喜好，用户就会流失

图15　基于后续运营或更新进行设计

更新频率较高的地方，需要在设计阶段就考虑到文字或图像需要时常变更的因素

图16　不断完善使用感

网页设计中非常注重有交互效果的UI的使用感受

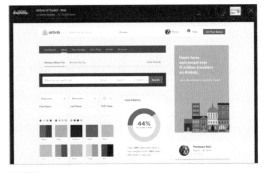

图17　设计指南示例

AirbnbUIToolkit-Web
(https://dribbble.com/shots/1669299-Airbnb-UI-Toolkit-Web)
Airbnb网站的设计风格指南

第 1 章

布局

网站布局的设计必须保证从手机或电脑等任何一个终端访问，网站显示都没有任何问题。

同时需要遵循网站布局的理论知识，保证横幅广告（Banner）等图形能够一目了然地传达想要传达的信息。

本章将介绍网页设计师需要掌握的网页布局基本知识。

01 什么是布局?

要点

广义的"布局"包括我们每一个人在日常生活中的行动。

而设计领域（专业设计）的布局指的是思考"以怎样的形式传达什么样的内容"，

然后使用各种方法使想法变为现实。

通过多个元素的排列组合形成秩序感

所谓布局（Layout），用一句话概括就是"元素的配置"。而"元素的配置"其实在杂志、报纸、书籍等纸媒以及家装空间设计等各个领域都有所实践。通过多个元素的配置形成秩序，能够使页面具备美感，同时提高网站的功能性。

布局并不是设计领域独有的特殊工作。房间里的家具、餐桌上摆放的菜品等，都可以看作是布局的实践 图1-1 。也就是说，男女老少所有人都会在日常生活中的各个场景中进行布局。所以需要首理解的是，布局并不是只有专业设计师才会做的事情。

图1-1　日常生活中的布局

其实我们在日常生活中经常进行布局。比如，图中桌子上的盘子、杯子就是按照"元素的排列"进行的布局

传递信息

设计领域中的布局并不单是将各种元素排列得美观，其中必定包含着希望传达的信息。思考以怎样的形式传递什么样的信息，决定组成元素的优先级，运用各种各样的设计手法反复尝试并调整整个元素的大小、排列方法等，这便是专业设计师需要进行的布局设计工作。

例如，如果在一定的规则和相关性之下达到协调的状态，就能够表现系统性、成体系的设计。干练大方的设计、可爱的设计、漂亮的设计、高级的设计……这些感性的评价，其实都得益于细致、精心的排列布局，绝不仅是由品位的好坏决定的 图1-2 。

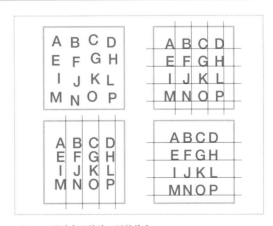

图1-2　通过布局传达不同的信息

在一定的规则和相关性中保持协调的状态，就能够形成不同的印象。同时，设计师还需要考虑到错视等"视觉错觉"

布局的基本方法

　　布局最基本的工作方法是"排列"。排列中有右对齐、左对齐、居中、上对齐、下对齐等多种对齐方式，对齐可以使页面具有秩序感。正如沿水平或垂直方向排列能够获得稳定感，对元素进行排列组合时需要在美观和功能性之间取得一个良好的平衡。这些过程无论在纸上、显示器（屏幕）还是建筑物的室内都是一样的。用简洁易懂的话来总结，就是"整理、整顿"。以房间为例，首先把不需要的物品扔掉，再按照物品的大小和形状进行摆放、收纳。信息的处理也是一样，先区分需要的信息和不需要的信息，"整理"之后再进行"整顿"。

排列

　　所谓排列，就是"排队"。小学教育中教学生排队的时候是按照身高（或名字的顺序）来排列的，排列元素的基本方法就和排队一样 **图1-3** 。

整理

　　所谓整理，就是按照一定的条理区分需要的东西和不需要的东西。整理房间的时候也是同样，把不需要的物品扔掉，将房间打扫干净，这个过程就叫作"整理" **图1-4** 。

整顿

　　所谓整顿，就是通过元素的排列组合提高功能性。对物品散乱的房间进行整理、整顿的时候，需要先区分需要的物品和不需要的物品（整理），再将物品摆放、收纳好，以便于取用物品（整顿） **图1-5** 。

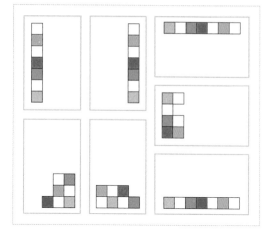

图1-3　排列的示例

排列元素时，有多种模式可以选择

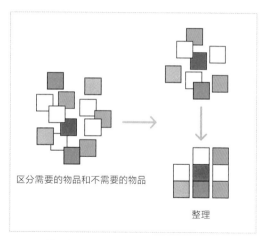

图1-4　整理的示例

区分需要的物品和不需要的物品并将物品排列整齐的过程叫作"整理"

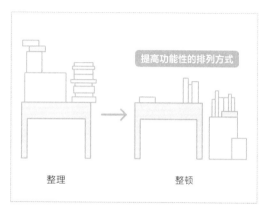

图1-5　整顿的示例

整理后通过元素的排列组合提升功能性的过程叫作"整顿"

02

网页布局的特点

要
点

网页布局和印刷品的页面布局之间有相似之处，但也需要认识到两者"相似而不同"。
印刷品的布局设计需要"便于阅读"，而网页布局的设计也需要考虑到"使用的便利性"。

与印刷品页面设计的不同之处

与印刷品页面布局相同，网页的布局需要具备图形设计（Graphic Design）和编辑设计（Editorial Design）的能力。除此之外，还包括产品开发等产品设计的要素。

网页中包括按钮、滚动条、Tab选项卡、表单等用户界面（User Interface, UI），所以设计时需要考虑到"使用和操作时的便利性"。这是与印刷品页面

设计最大的不同 图1-6 。

同时还需要认识到，网页布局设计是依赖于技术发展的领域。与十年前的网页设计相比，现在的工作流程已经发生了翻天覆地的变化。除了CSS等标准技术、浏览器的进步，设备（硬件）方面的技术进步也对网页设计产生了巨大的影响。

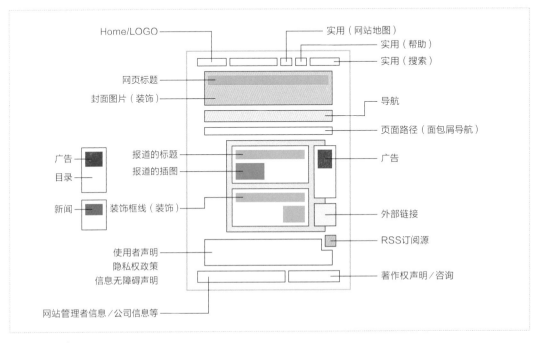

图1-6　网页布局

为了提升网站的使用感，网页中设置了多种多样的UI

网页设计的基本样式是宽度可变

网页是用户在浏览器上所浏览信息的集合。浏览器的窗口就相当于印刷品的"页面"。但是,在电脑桌面上,页面的尺寸会设计为"可变"样式。这与页面尺寸固定不变的印刷品存在很大不同。

浏览器可以自由地改变窗口大小,所以如果设计成固定宽度,那么页面左右都会出现大片空白,反而会隐藏起一部分元素 图1-7。手机显示的窗口虽然是固定宽度,但是不同产品的屏幕大小和纵横比都各不相同,所以像印刷品一样的统一布局也很难应用于手机中。

目前主流的网页布局是将内容设计为"可变宽度",即按照窗口的宽度伸缩或改变布局。这种方式叫作"响应式网页设计" 图1-8。

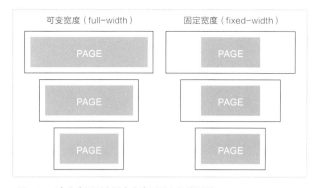

图1-7 可变宽度网页和固定宽度网页之间的区别
网页一般采用可变宽度布局,使其可根据操作系统的"窗口"样式进行调整,但是也有许多设计案例采用与印刷品相同的固定宽度布局

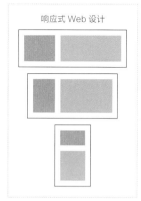

网页设计行业中,"响应式网页设计"不受设备屏幕尺寸或纵横比的限制,灵活性高,目前已逐渐普及开来

图1-8 响应式网页设计

根据网站规模而变化的页面设计

网站可以按照规模和网站结构进行分类,而其中使用最多的是具有层级结构的网站。因为需要从首页发散至各个类别的页面,所以导航页面是不可或缺的。网站既有不足10页的轻量级网站,也有几百页、几千页的大规模网站。只有1页,像长卷一样的网站叫作"单页网站",常用于登录页或推广网站(P005)等。通常将多个页面的集合体称为"网站",但单页网站也可以在1个页面中添加多个链接,提供与具有多个页面的网站相同的用户体验。另外,层级较深的网站和只有1个页面的单页网站需要发挥的作用和网站制作的工作量都各不相同,所以网页设计中需要视具体情况采取合适的方法 图1-9。

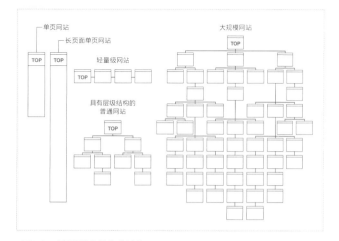

图1-9 不同规模和结构的网站
大规模网站中的UI设计十分重要,而只有几个页面的轻量级网站则应避免使用过多UI。网站规模或结构不同,页面设计也会随之变化

03 手机和电脑的布局

要
点

如今，用户会在电脑、平板电脑、手机、智能手表等多种设备上浏览网站。
因此，统一的页面布局是难以满足需求的，需要采用灵活的网站设计。

网页布局的基本是区块结构

网页布局取决于显示屏（屏幕）及浏览器（窗口）的样式。文字多为"横向"显示，所以用户的视线沿从左到右、从上到下的方向移动。因为页面整体为垂直方向的滚动操作，基本像"书卷"一样，所以页面设计通常采用区块结构，从页面上方开始按照"页首（Header）""内容部分""页脚（Footer）"的顺序进行排列 **图1-10** 。

网站通常将用户操作的重要元素设置在上方，多层级网站的标准设计方式是将所有页面共同的导航设置在最上方。如果是几百、几千个页面的大规模网站，也会采用导航栏固定在页面侧边的方式，这是能提升用户使用感的布局方式 **图1-11** 。

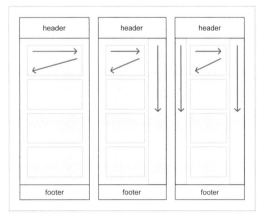

图1-10　网页的区块结构
发布新闻的门户网站或大规模的电商网站等通常采用多栏布局，设计方面重视内容的一览性。目前网页设计的趋势是（减少与手机端差异的）单栏布局（左）

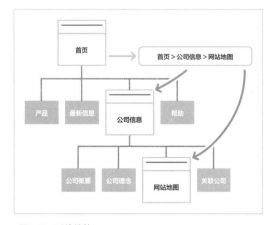

图1-11　网站导航
对于具有层级结构的网站来说，"一目了然"的导航页面是不可或缺的。同时为了避免用户使用网站时迷失位置，需要添加（面包屑导航等）UI显示用户的"当前位置"

不局限于特定设备的可变布局

用户会在电脑、平板电脑、手机、智能手表等安装有浏览器的各种设备上浏览网站，所以在设计方面需要具备灵活性。电脑使用的是较大的横屏，手机使用的是窄长的竖屏，所以屏幕尺寸和纵横比都各不相同。平板电脑兼具电脑和平板的特点，所以无法明确地对设备进行分类 图1-12 。

如果是横屏，可以使用多栏（两栏、三栏）布局，将导航栏设置在页面侧边可以满足信息量大的网站的需求。但是手机上显示时需要重新变更为单栏显示。所以相比于将电脑和手机单独设计，网站设计的过程中遵循"使用可变布局进行设计"的基本原则明显效率更高 图1-13 。

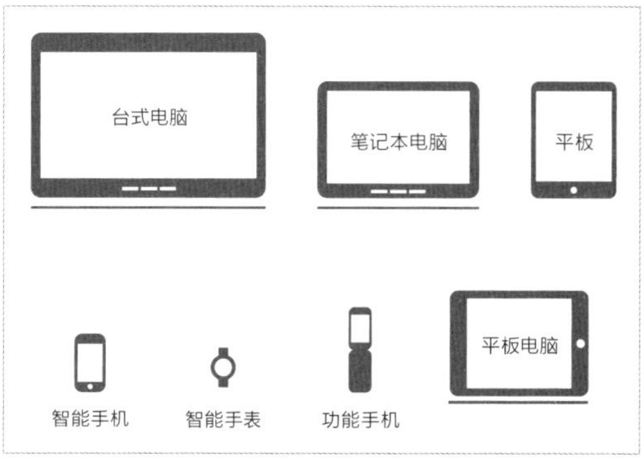

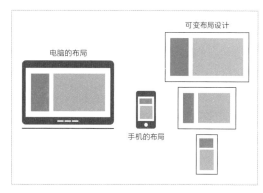

图1-12 不同设备的屏幕尺寸不同

目前传统的手机正在急速减少，智能手机的种类日渐丰富，智能手机与迷你平板之间的界线也越来越模糊

图1-13 可变布局支持多种设备

相比于设计过程中优先电脑或优先手机，从最开始便采用可变布局进行设计的效率更高。在以前电脑版网页占据主流的时代里，"支持手机浏览"是一种特殊的网页形式，而现在这个时代早已成为过去式

构成网页的基本元素是区块

网页布局有单栏布局、多栏布局、方块型布局（卡片型布局）、全屏等多种形式，但采用网格布局的居多 图1-14 。在决定网页外观设计的CSS中，即便是自由布局，也是基于网格系统制作的。

构成网页的基本元素是"区块"，可以通过"区块结构"设计固定网格布局或可变网格布局。印刷品的页面设计中不存在"区块"的概念，但是对于在多种设备上浏览的网络媒体则是一个重要的概念。

图1-14 可变布局支持多种设备

构成网页的基本元素是基于网格系统形成的矩形区域，叫作"区块"。另外，沿水平线或垂直线生成的小区域叫作"模块"。这些概念是为了便于高效地组织网页的组成模块

04

对齐

要点

"对齐"可以说在各个领域（印刷、网页、空间等）的布局中都是最基本的理论。

就像"整理房间"一样，即便不是设计师，也可以在生活中依照自己的感觉进行对齐。

对齐

网页是通过HTML和CSS的标准技术、浏览器的渲染技术实现的一种媒体。HTML是一种标记语言，负责将信息结构化，而视觉表现需要依靠CSS来实现。网页默认是左对齐，留白集中在右侧。不仅是网页，这也是编写所有文件的基本原则（阿拉伯语等一部分语言的书写方向相反）。

在左对齐的页面中加入"居中""右对齐"等形式，可以使视觉表现更加多样化。最标准的方法就是将大标题居中。类似网页标题之类的较大的元素居中比左右两侧对齐更加具有稳定感 图1-15 。

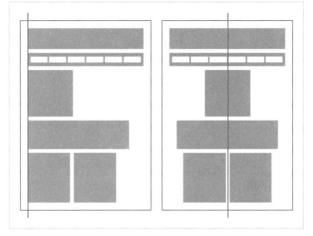

图1-15　网页中的"对齐"示例

网页基本为左对齐，如果信息量较大或需要形成视觉冲击力时则采用居中对齐，或将部分元素集中在右侧。有时也会采用斜向对齐的方式，不过这样会明显增加设计的难度

可变宽度与固定宽度页面设计的区别

如果是支持多种屏幕尺寸的响应式网页设计，横屏采用左对齐，手机等较小的竖屏则会切换成居中对齐。因为屏幕纵横比不同，设计的使用感会随之变化，所以需要注重设计的灵活性。另一方面，在像素固定的网页布局中，因为窗口的尺寸是可变的，所以可能会出现部分信息被隐藏等问题。这主要取决于预设的网页最大宽度，所以需要定期测试并根据测试结果进行判断。

在水平部分对齐，营造稳定感

"啊！设计展"的网站 **图1-16** 采用的是垂直方向的分栏式布局，滑动页面的时候，左侧的标题文字会跳跃起来，使页面具有动感和趣味性。标题给人的感觉比较松散，而右侧的信息区域则沿水平方向对齐，所以页面设计整体上具有稳定感。

垂直方向对齐，形成具有平衡感的布局

"设计基因组计划In Vision"的网站 **图1-17** 将按照网页宽度8等分的方块纵向排列，并沿着方块的垂直延长线将几个大小不一的区块排列组合，用以展示文字、照片等元素，整体的网页布局非常具有平衡感。

沉浸式单页网站

"茶卡松（Chackathon）"的网站 **图1-18** 是一个沉浸式的单页网站，向下滑动页面的时候添加了滚动的动态效果。并且该网站从第一屏的标题到广告语、报道，全部都是采用的竖向书写，这种布局设计与动态效果结合得十分契合。

基础的区块布局

"小鸟汤泉"的网站 **图1-19** 采用的是基础的区块布局。使用圆形的形状展示温泉内的设施，整体页面布局的自由度很高。圆形下方的介绍文字采用居中对齐，使页面整体具有统一感。

图1-16 啊！设计展（https://www.design-ah-exhibition.jp/）

图1-17 设计基因组计划 | In Vision
（https://www.invisionapp.com/enterprise/design-genome）

图1-18 茶卡松（Chackathon）（https://chackathon.com/）

图1-19 小鸟汤泉（http://kotorinoyu.jp/）

05

布局的基本知识②

靠近、反复

要

点

通过调整各元素的排列组合方式，使元素之间靠近或远离，能提高信息的可读性和易读性。
如必要，还可利用间隔线或框线等。
"反复"则是营造规律性的基本手法，对于引导阅读者的视线也十分有效。

靠近（远离）

　　页面设计的基本是信息的整理，需要通过各种各样的设计手法提升信息的可读性或易读性 **图1-20**。其中既有放大标题字号、调整正文的行间距或段间距等初级方法，也有通过间隔线、框线将信息分组、有意制造留白引导浏览者视线的高级方法。

　　即便是不需要专业设计师参与的计划书或报告书等文件制作，大多数人也会使用间隔线、框线、箭头等设计提高页面的易读性。所以设计绝不是什么特殊的技能。反过来说，哪怕是专业的设计师，如果忽视基本的设计，也会受到网站用户的严厉苛责。

无缝相接

　　富有新意的原创网站"维也纳现代主义2018（Viennese Modernism 2018）" **图1-21** 将内容信息汇总展示在水平垂直切分的方块区域中。并且与普通的区块布局不同，该网站的每个区块都非常紧密地衔接在一起，这也是该网站的一大特点。

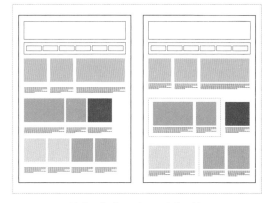

图1-20　网页中的"靠近（远离）"方法示例

将信息整齐排列通常会影响信息的易读性。但只要将相关的信息整合，或利用线条加以区分，就会有明显的改善。使信息之间靠近或远离等，有多种多样的方法可供使用

图1-21　维也纳现代主义 2018
（https://viennesemodernism2018.info/en/）

将多个作品紧密排列

　　摄影师"中村力也"的作品网站 图1-22
的视觉设计非常有吸引力。打开网站，首先
看到的是许多"紧密排列的作品"，之间没
有留白，几乎填满了页面的80%，并且采用
了垂直方向滚动的动态效果。整体设计非常
精致，且不会过于冗杂。

图1-22　中村力也（https://rikiyanakamura.com/）

反复

　　在页面设计中，可以通过"规律性"实现具有稳
定感的布局。如果像拼贴画一样将信息混乱无序地排
列的话，则无法稳定用户的视线，会显得比较混乱。
而将信息沿水平或垂直方向整齐排列则能够有效地引
导用户的视线。将标题或照片等分组，形成信息的集
合（称为模块），沿水平或垂直方向排列，就能够产
生规律性，同时能够提升视觉效果 图1-23 。

　　如此一来，布局设计便很方便模块化，这种方
式在内容管理系统、博客等媒体中也得到了普及。如
果是报道数量庞大、需要频繁更新信息的网站，则比
较适合区块堆叠的布局方式，能够有效确保信息的一
览性。

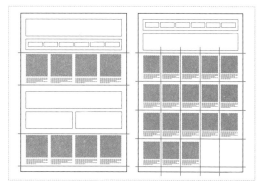

图1-23　网页中的"反复"布局案例

在整个页面或部分采用相关信息的集合（模块），可以自然地将用户的
视线从左到右、从上到下引导。但是，需要注意的一点是如果信息密度
过高，可能会适得其反

同类型模块的反复

　　"阿可米亚东京（AKOMEYA TOKYO）"网站
图1-24 的设计将站内内容看作是"标题与视觉一体的
模块"。虽然将构成元素紧密排列，但统一使用白色
背景，制造出了适当的留白，所以整体的页面设计非
常清晰易读。

图1-24　阿可米亚东京（http://www.akomeya.jp/）

不同类型模块的反复

　　"株式会社VSN"的网站 图1-25 使用的是两种模
块构成的区块布局。没有使用统一的照片尺寸，整体
的页面布局类似杂志，具有较高的自由度。元素反复
排列所产生的稳定感和起伏变化的丰富表现实现了良
好的融合。

图1-25　株式会社VSN（https://www.vsn.co.jp/）

06

制造差异、添加动作

要	有多种多样的设计技巧能够制造差异，从而能够将大量的信息进行"整合"，使信息清晰易读。
点	实际设计中主要通过构成元素的对比来表现差异。 网页和视频媒体中有一个专门"添加动作"的领域叫作"动态设计"。

制造差异

将构成网页的标题、正文、插图等按照相关性分组并均衡地排列，就能够使页面产生秩序感，实现具有稳定感的布局。这是获得清晰易读的页面设计的标准思路。但如果想制造视觉冲击力，或着重强调某个信息，则可以通过构成元素的"对比"来表现 图1-26 。可以夸张地放大标题，也可以在周边留有大片空白，以此来强调重要的信息。许多报纸和周刊、杂志也采用了这种方法，所以其效果可想而知。但是网页和印刷品不同，因浏览设备的屏幕尺寸和纵横比不同，所以需要使用响应式网页设计等方法进行调整。

放大内容部分的标题，制造差异

在"2018年度优秀设计大赏"的招募网站 图1-27 中，采用的是两栏布局，页面左侧为固定菜单栏。各部分的标题字号甚至比网站标题还要大，如此一来，网站想要传达的信息便一目了然。在照片、图形、视频多种媒体混合存在的时候这是一种行之有效的方法。

图1-26　在标题的字体大小之间制造差异的布局案例

将标题或特定的视觉元素等放大显示，周边留有空白，能够吸引用户的注意力。但是如果过度放大（与屏幕尺寸相比）反而会影响易读性

图1-27　2018年度优秀设计大赏招募网站
（http://www.g-mark.org/entryguide/）

通过横竖方向书写方式的混用制造差异

　　"盐竈藻盐"的网站 图1-28 除了在大小方面制造出了对比，还通过纵向书写和横向书写在文字之间制造了差异。该网站将整体页面的构成元素归纳得简洁凝练，同时，铺满整个窗口的照片形成的视觉冲击和具有充足留白的"文字表现"相协调，使整个页面看起来细致、简洁。

图1-28　盐竈藻盐（https://mosio.co.jp/）

添加动作

　　网页设计的动态表现是印刷品的页面设计所不具备的，所以网页设计还需要具备动态设计的知识和能力。几年前，单页网站便已经开始使用滚动效果。目前，越来越多的网页设计师使用Java Script Library等进行动态设计。并且现在的动态效果不是通过点击来移动，而是滑动页面时布局就能够动态地发生变化，是一种更高级的效果，所以设计环节非常重要。现在活动网站或新产品、新服务的推广网站等都将动态设计作为为用户带来惊喜与感动的方法。而且动态效果不是2010年左右流行的大规模的Flash网站，大多数是用在转场等细小的效果之中 图1-29 。

通过视差添加动作

　　"迪桑特官方网站" 图1-30 是一个单页网站，并且巧妙地运用了显著视差效果（parallax）。该网站将具有滚动效果的部分视觉重叠，背景添加了水平移动的动画，形成了一种奇妙的幽深感。

通过阴影效果添加动作

　　在"北日本广告社"的网站 图1-31 中，滑动页面时斜线会向箭一样飞出来，且照片和文字会随着斜线的动画呈现渐弱效果。这种动画效果就好像亲手拿着笔在页面上勾勒线条一样，非常新颖。

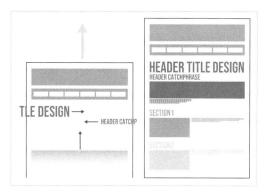

图1-29　（滚动时）添加动作的布局案例

许多具有滚动效果的网站都会采用出现页面构成元素的视觉表现。但在手机端显示时可能会影响用户体验，所以很多案例中会改为静态页面

图1-30　迪桑特官方网站
（https://allterrain.descente.com/fusionknit/）

图1-31　北日本广告社（https://www.ad-kitanihon.co.jp/）

07

留白、跳跃率

要
点

留白虽然是没有信息的区域，但是可以通过与周边元素的相关性凸显特定的元素。
也可以通过标题与正文文字大小的比例（跳跃率）强调想要传达的信息。

留白

　　留白（白色区域）是布局设计中不可或缺的重要元素。虽然留白是一片没有信息的"虚无"的区域，但是可以通过与周围元素之间的距离或对比为之赋予意义，是非常考验设计师能力的地方。并且留白是有不同级别的。从正文段落之间的小面积留白，到占版面一半以上的大面积留白，形式多种多样。留白的数量越多，整体给人的感觉越轻松舒缓；没有留白，元素堆叠，则会形成压迫感 图1-32 。然而去掉留白也增加了可呈现的信息量，对信息量庞大的新闻网站来说是一种有效的方法。

使用留白突出

　　在"奏树咖啡&简餐"的网站 图1-33 中，纯白的页面上依次浮现出美丽的图片，动态表现的视觉效果非常清爽。且各元素之间的空间很大，2个区域之间也有充足的间隔。通过留白凸显出了每一个视觉元素。

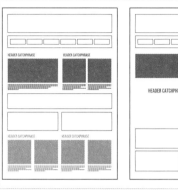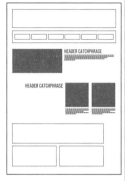

图1-32　利用留白的布局案例

相比在页面中堆叠大量的信息集合，添加留白能够提升可读性和美观性

图1-33　奏树咖啡&简餐
（http://www.soujyu.megaminomori.com/）

通过留白提升网页的易读性

"梦纳明（MONDAHMIN）"网站 图1-34 是由商品图片和文字构成的，风格简约。文字之间保留了较大的间隔，留白使用得非常巧妙。网站的整体风格清晰明了。并且商品图片处理成了倒三角形，文字斜向对齐，用极少的元素实现了简约大方的设计。

图1-34 梦纳明（https://www.earth.jp/mondahmin/）

跳跃率

构成一篇报道的基本元素就是"标题"和"正文"。标题又分为大标题、中标题、小标题等多个等级，可以用来表示文章的结构。报纸、杂志文章、广告等也具有同样的结构，也会采用以视觉表现为目的的手法。观察周刊杂志页面中间的横幅广告等会发现，最具有视觉冲击力、最抓人眼球的大多都是大标题。对于这种放大标题字号的设计，业内会将其评价为"跳跃率比较高"等 图1-35 。

放大标题，突出信息

"+图云代理"网站将想要传达的信息做成了像滑动幻灯片一样的效果 图1-36 。各部分的标题都放大显示，只要滑动一次就可以浏览到所需信息，结尾部分使用竖向书写使传达的信息印象深刻。

放大显示网页元素，形成迫力

"未来的英雄体育精神"网站 图1-37 页面的构成元素（图片或文字）比普通网站更大。整个页面结构的视觉效果更像是从远处看到的视频内容。网页标题也直截了当地传达了必要信息，标题甚至要覆盖整个页面，形成了巨大的压迫感。

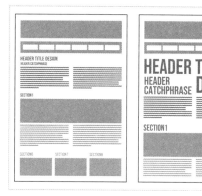

图1-35 利用跳跃率的布局案例

提高标题与正文文字大小的比例（提高跳跃率）能够突出信息，吸引用户的注意力

图1-36 +图云代理
（https://plusgraph-ca.jp/）

图1-37 未来的英雄体育精神
（https://sportsmanship-heros.jp/）

08

用于不同目的的布局案例①
媒体网站

　　信息量巨大的媒体网站使用的网格布局非常清爽，具有显著的视觉吸引力。"冈山日报"就是将信息划分成一个个的卡片状模块，使用网格布局使信息呈方块形状显示，更便于用户在诸多信息中快速找到自己感兴趣的信息。即使是同样的卡片设计，标签和鼠标悬停效果也会根据文章类别进行颜色区分，每个信息块都有颜色编码，通过这些精心的设计使人们更容易找到信息 图1-38 。

图1-38　冈山日报

网格布局中至关重要的便是分栏的数量及留白。与画面大小相协调的分栏数量和统一的留白尺寸，可以控制用户一次可浏览的信息数量

卡片型布局的模块化使网站内各部分的样式和信息得以再利用，因此适合媒体网站采用

图1-39　纽约时报-最新消息、世界新闻&多媒体

使用复杂网格也可以
快速浏览的杂志布局

　　"纽约时报"网站采用的是我们最常见到的最正统的网格布局，这种布局在报纸和杂志的印刷设计中经常使用。对于重要新闻和信息，通过在视觉上改变希望人们看到的照片和标题的大小，使用户在有大量信息的情况下也能迅速关注并获取信息。文章量比较大的报纸类网站设计的一大特点，便是使用了与报纸一样的黑白色设计，简洁清晰，提升了可读性 图1-39 。

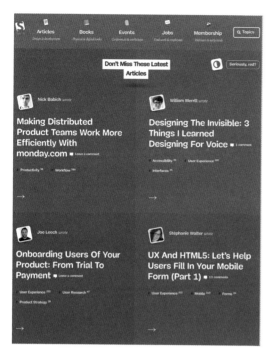

图1-40 众妙之门（Smashing Magazine）——给网页设计和
开发者的杂志
（https://www.smashingmagazine.com/）

注重易读性的简约布局

"众妙之门（Smashing Magazine）"的网站与
诸多媒体网站不同，整体以单栏设计为主。在文字量
较多、照片较少的媒体网站中，如果将文字大小、行
间距、留白设置得比较大，将更便于用户寻找感兴趣
的报道，不会使用户感到疲倦，可以保证用户有足够
的兴趣阅读至最后 图1-40 。

网站页面内基本为单栏显示，与其他的媒体网站相比，能够使用户更加
认真地寻找感兴趣的报道

图1-41 URBAN TUBE
（https://www.urban-tube.com/）

以照片为主的大胆布局

Urban Research运营的媒体网
站"URBAN TUBE"有一个令人
印象深刻的全版面照片和垂直标题
的布局。作为一个服装品牌，Urban
Research的媒体网站通过类似于商
店里产品目录的设计来表达品牌的世
界观。这种设计让人感觉就像翻开目
录，进入品牌的世界 图1-41 。

09

用于不同目的的布局案例②
娱乐网站

娱乐网站的特点是画面充斥着大幅照片或图形，能紧紧抓住用户的心。用户访问"任天堂"的网站时看到的第一屏便是滚动播放的人气角色或游戏机的信息。小孩子和游戏迷只是看着这些信息内心便已经激动喜悦不已。图片色彩丰富，主题明显，所以看起来十分热闹。但相反，也容易造成混乱繁杂的印象。但是任天堂的网站为了避免文字设计混乱，影响信息传达的效果，在字体、文字的大小和粗细方面都进行了精心的设计，便于用户在视觉上快速地获取信息 图1-42 。

图1-42　任天堂官方网站（https://www.nintendo.co.jp/index.html）

即便网页设计中使用了大量明度较高、色彩丰富的图片，但由于配色巧妙，留白统一，所以并没有产生违和感

虽然娱乐网站信息量大、网站结构复杂，但是任天堂的网站在导航栏等细节之处都使用了图标或图像，使用户可以直观地找到想要浏览的网页

图1-43　松竹艺能株式会社（https://www.shochikugeino.co.jp/）

通过微交互引导用户

"松竹艺能株式会社"的网站使用的微交互（micro interactions）能巧妙地引导用户进行下一步的行为（单击等）。网站各个角落都充满了娱乐网站典型的大胆布局，也在页面各处加入了可以直接操作的动态效果，例如引导用户滚动页面的箭头、为页面上方的横幅广告添加的轮播功能等，即使用户初次使用网站不熟悉布局，也能迅速了解其操作方法 图1-43 。

打破网格
由呆板变得亲切

关西电视广播公司的招聘网站采用了破格布局，即网格被稍微打散、移位和堆叠，打破了原有沉闷死板的布局，设计了一个自由流动和友好的页面。乍看起来内容好似自由排列，但仔细观察一下会发现，其实元素是按照一定的模式错位或重叠排列的，所以整体保持了很好的平衡感和统一感，又同时保证了良好的阅读体验 图1-44 。

图1-44
关西电视台 招聘2019 "GOTCHA! 你比你想象的更加……"
|关西电视台招聘2019−关西广播电视台
https://www.ktv.jp/recruit/

仅用声音和视频展现价值观

萨尼街区（SANIRESORT）的"感受萨尼"仅仅通过在萨尼度过的美好一天的视频和鸟叫声、风声、波涛声等声音来表现价值观。闭上眼睛，仿佛身临其境。页面设计非常简约高级，令人印象深刻，但同时网站中也加入了拍摄背后的花絮记录，可以看到摄影团队的照片和视频等，为用户营造出了一种更具亲近感的氛围 图1-45 。

图1-45　感受萨尼
　　　　（ https://www.feelsani.com/ ）

有效运用不对称布局

"弗兰斯·哈尔斯博物馆（Frans Hals Museum）"的网站采用不对称布局，将页面左右分割，各部分显示不同的内容。将元素不对称排列，不仅不会破坏用户的视线从左侧的展品到右侧的日程和详细信息的移动路径，而且还能够自然地引导用户的注意力。不对称布局使用的场合较少，其使用要点是避免元素排列过满，以保持整体的清爽感 图1-46 。

图1-46　主页−弗兰斯·哈尔斯博物馆（Frans Hals Museum ）
　　　　（ https://www.franshalsmuseum.nl/en/ ）

10 企业网站

企业网站常用的页面设计是简约的Z字形布局。将用户的视线从上方的商标引导至导航栏，再到页面中间为引起用户兴趣而添加的大尺寸横幅图片（主页横幅）等内容，到最终的行为召唤（Callto Action，CTA）按钮。"梅德赛斯奔驰"的网站从左上角的商标开始，最终以行为召唤结束，用户在"I am looking for..."的搜索框中输入关键词，就能够快速获取所需信息。在文字量较少，视觉占比较大的简约风格网站中，用户的视线基本呈Z字形，所以Z字形布局便是引导用户视线的一种有效布局方式 图1-47 。

图1-47　梅德赛斯奔驰官网
（https://www.mercedes-benz.com/en/）

Z字形布局按照视线的方向在页面上方最后添加辅助性的CTA，导航栏最后也添加了能够链接到搜索窗的链接

下级页面反复使用Z字形模式，形成Z字形布局。引导用户能够按照自然的视线方向浏览文章

图1-48　株式会社Griphone | 发迹于东京涩谷，力争成为独一无二的线上游戏公司
（https://www.griphone.co.jp/）

通过视频和信息强调价值观

视频是具体展现公司理念和价值观的一种有效方式。"株式会社Griphone"的网站通过"制作游戏，创造文化"的口号和涩谷街道上拍摄的视频，将"发迹于东京涩谷，力争成为独一无二的线上游戏公司"这一信息成功地传达给了用户，形成了强烈的视觉冲击力 图1-48 。

> **笔记**
>
> 内容较多的网站很难保证充足的空间用来播放视频，那么在页面背景上播放视频就失去了意义。所以在页面背景上播放视频时，需要注意与内容量之间取得良好的平衡。

通过文字设计简洁明了地传达信息

"Funplex株式会社"的企业网站采用不断变化的"GAME"字样，同时文字设计也令人印象深刻。虽然设计简约，但是使用了很大的无衬线字体，使网页整体增加了空气感，防止以文字为主的设计过于无聊。为了避免影响整体的文字设计，网站使用的都是明度和饱和度比较低的照片，使页面结构简约统一，是一个极具参考价值的设计案例 图1-49 。

网页设计设置了较大的行间距和留白，易读性高，目的明确。同时字体粗细的平衡也非常重要

图1-49 Funplex株式会社（funplex,Inc.）
（https://funplex.co.jp/）

图1-50 株式会社Lac——主营安全防范对策的Lac
信息安全对策的先驱

用讲故事的形式引导用户视线

"株式会社Machidukuri长野"的企业网站采用简单的单栏布局，并使用了街区景色的插图，使浏览网页像是在阅读绘本。该网站通过讲故事的形式，为用户营造出视觉冲击力和亲近感。各部分内容之间虽没有明确的分界线，但通过留白或文字设计进行了明显的区分，这一点值得参考 图1-51 。

去除无关紧要的视觉元素，采用简约布局

许多网站设计会采用主视觉元素（Keyvisual/Mainvisual），而"株式会社Lac"便是舍弃了主视觉元素的一个极好的案例。这种布局设计打破了以往的常识，能够使用户关注内容本身，所以经常用于作品展示网站等。企业网站较少使用这种方法，但是在第一屏展示文章，而非图片或视频，能够高效地传达企业所重视的内容 图1-50 。

图1-51 株式会社Machidukuri长野
（https://www.machidukuri-nagano.jp/）

11

用于不同目的的布局案例④

购物网站

　　没有电商功能的购物网站大多内容较少，所以通常使用单栏布局或极简设计。售卖风吕敷包装礼物的网站"心（COCOLO）"采用简约的区块布局，整齐排列的内容和大面积的留白展现出了风吕敷礼品的高级感。

　　使用大面积的留白可以使用户能够注意每一部分内容。相反如果留白面积较小，用户浏览速度变快，在单调的单栏布局中就有可能漏掉部分内容。留白面积较小的情况下，需要使用Z字形布局等设计，控制用户的视线转移 图1-52。

图1-52　心（COCOLO）
（ https://cocolo-gift.jp/ ）

对称布局的视觉效果非常规整，能给用户一种有规律和可信赖的感觉。另外，同样的视觉模式再次出现的时候看起来也非常清爽

具有大面积留白的"新闻（News）"页面，粗略浏览的时候，标题也能够引起注意，其文字大小也进行了精心的设计

图1-53　竹笋（BAMBOO SHOOTS）
（ https://bambooshootswear.com/ ）

通过视觉焦点
吸引并引导用户

　　"视觉焦点"指的就是"关注点"。这个词语主要用于建筑或园林设计，但也会用于网页设计领域。服装品牌"竹笋（BAMBOO SHOOTS）"的网站页面正中央显示的是新产品的图片，能吸引用户的视线，促进CTA。视觉焦点不仅可以是照片，也可以是标题等文字设计或图像等，对于各种元素均有效 图1-53。

有效利用剪影和插图

面包店"冬谷里（DONGURI）"的网站将产品图片裁剪成豆子的形状，将页首图片裁剪成波浪形，网页中几乎没有直线，给人一种柔和的印象。使用的商品图片不是照片，而是做成了插图的形式，风格统一。该网站大胆地将用户日常生活中司空见惯的物品用插图的形式表现，使用户更容易想象自己喜欢的商品，从而产生新鲜感，激发用户的兴趣 图1-54 。

图1-54 冬谷里（DONGURI）｜札幌的新鲜面包店
（https://www.donguri-bake.co.jp/）

商品列表中颇有趣味的一句话或一句评论都与插图非常契合，是实现亲近感的一个重要因素

图1-55 Keego-掀起一场运动水杯的革命
（https://keego.at/）

对照式固定布局

Keego的产品网站将一侧固定，这种对照式的双栏布局颇具个性。固定不动的左侧部分是一个瓶子的产品图片，长按固定的瓶子照片上的"HOLD TO SQUEEZE!"部分，瓶子就会出现凹陷。用户操作时会显示动画效果，能够克服线上无法实际触摸产品的问题，巧妙地展现出了商品的质感和特点 图1-55 。

通过线条营造时尚感

"布料店铺Cloth & Paper Studio"的页面设计十分抓人眼球，该网站将商品图片乱序排列，进入页面显示区域后，图片纷纷显示为淡入效果。并且全部图片都裁剪为正方形，所以虽然是自由布局，但仍然具有清爽的视觉效果。网站看起来像是华美布料的展厅一样，页面设计整体上非常符合品牌的价值观 图1-56 。

图1-56 布料店铺（Cloth & Paper Studio）
（https://clothandpaperstudio.com.au/）

12

电商网站

电商网站最重要的是商品的展示方法。因为用户无法将商品实际拿在手中查看，所以通过图片和视频形式的商品展示方法就显得尤为重要。"鸡蛋网购ITO养鸡场"的电商网站一打开网页，用户首先看到的就是抓人眼球的蛋黄和新鲜鸡蛋的图片，用户瞬间就被这个看起来美味诱人的鸡蛋照片吸引住。这种大胆的广告牌布局在希望用户关注某一个特定的商品时是一种行之有效的方法。因为没有其他干扰元素进入用户的视线，所以用户自然能够将注意力集中在商品图片上 图1-57 。

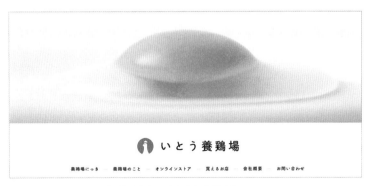

图1-57 鸡蛋网购 ITO养鸡场 | 佐贺县武雄市伊东养鸡场
（ https://ito-eggfarm.com/ ）

除了主页的图片，其他页面使用的图片也非常具有视觉冲击力，用户很容易就会被网站中的高画质美丽图片所吸引

如果希望将用户的视线集中到无法放大显示的文字等内容上，可以考虑稍稍打破网页布局的规则，与其他内容进行区分，自然地凸显重要内容

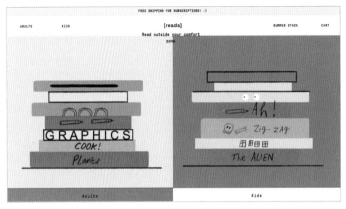

图1-58 reads——每月两本书友推荐好书，告别大数据
（ https://reads.delivery/ ）

通过画面分割区分
不同目标用户的入口

如果希望针对不同的用户群体提供单独的入口，"reads"采用的分屏布局非常值得参考。"reads"中成人用品和儿童用品的入口是独立的，可以将成人和儿童的元素同等处理。除了用于区分入口，分屏布局对于表现比较或对比也是一种有效的布局方式。元素堆叠得过于饱满，反而会使用户感到混乱。设计方面需要做到清爽，可以一目了然地进行对比 图1-58 。

通过阶梯式布局提升UX

电商网站中最常见的布局便是网格布局和F字形布局。"株式会社NAPLA"的网站中，商品清单采用的是网格布局，商品一览采用的是F字形布局，商品清单能够使用户直观地了解商品，而商品一览则可以使用户快速比较多种选项。用户可以通过阶梯式、最优化的布局便利地检索商品 图1-59 。

图1-59 染发剂等护发产品综合制造商 | 株式会社NAPLA
（https://www.napla.co.jp/）

与Z字形相同，F字形布局也是按照用户的视线转移路径设计的布局方式。多数用户的视线都会遵循从页面左上角水平向右转移，再向下转移的顺序，并重复这一过程

图1-60 袜子品牌hacu
（https://www.hacu.jp/）

固定侧边栏布局

电商网站为了使用户无论在哪个页面都能快速找到目标商品，必须认真考虑导航栏的设计方法。固定布局的侧边栏可以在页面内一直显示商品分类或选项。"袜子品牌hacu"的侧边栏被固定在左右两侧，用户可以按照袜子的种类和大小来搜索商品。如果采用固定侧边栏的形式，为了使用户能够一目了然，需要尽可能地精简选项设置 图1-60 。

利用视频展现商品魅力

"Pixter"的网站具有故事性，让人不自觉地就会看得入迷。该网站对用户非常具有吸引力，通过视频介绍了商品的使用方法及购买之后的体验，最大限度地展现了商品的魅力。操作方法、实际的使用场景、产品的质感等，这些内容是照片无法完全传递出来的。而视频则可以通过视觉、声音展现更多的信息，在信息传达方面具有得天独厚的优势。用在电商网站中可以减少用户不能实际将产品拿在手中的不安感 图1-61 。

图1-61 Pixter | Lenses & Accessories for smartphones - Pixter

13

登录页

登录页与普通网页不同，视觉元素所占比例更高，在设计方面不追求用户一字一句地阅读商品说明，而是促使用户从照片或插图中获取更多的信息。另外，还有一大特点是布局自由度更高，许多登录页的设计极具个性，会对照片和内容进行大胆的排列。"RMK秋冬新品2018"的网站正如标语"黑暗中熠熠生辉"所述，采用了与商品主色相协调的神秘背景色，用以突出网页的主角，也就是五彩缤纷的彩妆产品。"RMK秋冬新品2018"网站的大胆设计为用户展现了独特的价值观，也展现出了新发售限定商品的特别之处 图1-62 。

网站对照片进行了精心的加工和裁剪，与单纯地将商品照片规律地排列相比，其画面更具动感

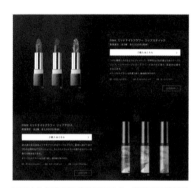

图1-62　RMK 秋冬新品2018产品集 | RMK
（ https://www.rmkrmk.com/products/
archives/2018_glowinthedark/ ）

网页中的信息量比普通网页更多，所以需要采用适当的手法，以避免同样布局连续出现的时候过于单调

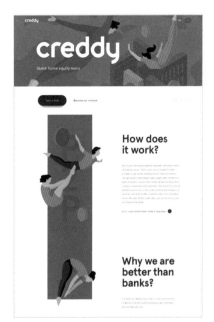

在布局中有效使用动画

登录页的特点是纵向长度较长，于是"克莱迪（Creddy）"的网站就利用了这一特点，滑动页面的时候会展示插图，通过柔和的动画为用户带来了舒适的体验，自然地将用户的视线引导到文字上。用户的视线从插图转移到文字部分后，文字部分给人的印象是说明很仔细，但每一部分都强调了标题，能够使用户先从标题开始产生兴趣 图1-63 。

图1-63　克莱迪（Creddy）
（ https://en.creddy.ru/ ）

固定导航栏布局

登录页只有一个页面，虽然没有全站导航，但也会视需要设置页面内锚点，便于用户快速找到感兴趣的内容。"蝴蝶结文胸（WACOAL）"的网站便设置了购物车、官方商城、社交网站外部链接等作为页面内锚点，并固定在页面上方，用户从页面的任意位置都可以迅速移动并跳转至目标内容 图1-64 。

图1-64 朝之谷间，长久陪伴，蝴蝶结文胸
（ https://www.wacoal.jp/ribbonbra/ ）

从页面下方固定菜单栏可以链接到其他产品。固定菜单栏在各产品页面的设置是相同的，用户无论跳转到哪个产品页面，菜单栏都显示在同一位置，能够让用户感到信赖和安心

各部分都张驰有度的页面布局

登录页需要在一个页面内刊登大量的信息，所以必须明确区分各区域，以避免信息混杂。"日本的墨西哥玉米片Dontacos"的网站通过色彩鲜艳的插图和照片使访问网站的用户内心激动兴奋，并且每一部分的背景图片的设计都各不相同，切换到下一个部分时会给用户带来清晰的感受。如果很难通过装饰元素区分，那么可以通过大面积的留白使各元素之间张驰有度 图1-65 。

图1-65 日本的墨西哥玉米片 Dontacos | 株式会社湖池屋
（ https://dontacos.com/ ）

运用视差效果的页面布局

滚动阅读的登录页和内容随页面滚动产生的视差效果非常契合，能够为单调的页面添加动感。"日产智慧出行（Intelligent Mobility）"网站为了避免用户感到无趣而采用了许多精心的设计，例如采用视差效果展现照片的魅力，通过视频介绍汽车性能等，使用户在浏览过程中增加对汽车的兴趣 图1-66 。

图1-66 日产 | 日产智慧出行
（ https://www.2.nissan.co.jp/BRAND/ ）

14

用于不同目的的布局案例⑦
博客网站

优秀的博客网站的页面布局多采用极简风格，注重文字的易读性和信息的易查找性。"音乐与设计博客Magic Youth Inc."的博客网站设计便非常简约清爽，巧妙地运用了极简元素和留白，没有产生浪费。在文章页面，文字之间插入了图片和视频，避免用户阅读过程中产生疲惫感，能够阅读至最后。字体大小和风格的选用也十分巧妙，尤其是字里行间的文字设计营造出了美感。通过这个网站还可以学习到，极简设计风格的网站应避免使用过多的加粗字体，可以使页面更加清爽 图1-67 。

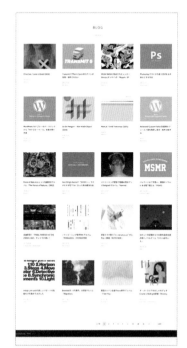

图1-67　音乐与设计博客Magic Youth Inc.
（https://www.manicyouth.jp/cat/blog/）

在"推荐文章"部分，为了避免用户阅读正文的视线和节奏被破坏，而采用了F字形布局

尽可能减少移动端显示时的分页数量，并使用极简设计提升前后页之间跳转的便利性

图1-68　塚由惠介（Keisuke tsukayoshi ）| 设计灵感与策略
（https://keisuke.tsukayoshi.com/）

按照类别排列的
独特设计

"塚由惠介（Keisuke tsukayoshi）"的个人博客按照"设计""趋势""笔记"三类进行分栏，设计风格极简，但又非常独特。网页一览性非常高，可以同时搜索不同类别的文章，并且掌握了目标用户画像，对内容进行了最大限度地简化和分类 图1-68 。

拥有杂志阅读感的博客网站

打开"时装密码（DRESSCODE.）"博客的网页，瞬间就会产生一种正在翻阅杂志的感觉，该博客网站的设计特点是从主视觉、文字设计到布局都营造出一种时尚杂志的感觉。尤其令人印象深刻的是网站的主视觉会像杂志的封面一样随季节变化，网站的每一个细微之处都非常符合网站的理念，凸显出了作者的个性 图1-69 。

图1-69 时装密码（DRESSCODE.）-男士时尚博客
（https://www.fukulow.info/）

在手机端浏览时能够显示完整的主视觉效果，整体设计好像杂志封面。网页中像往期杂志一样展示的以往的设计也值得一看

图1-70 设计空间（DesignedSpace）-灵感源泉
（https://designed.space/）

单栏显示的简约博客网站

"设计空间（DesignedSpace）"的博客网站采用单栏设计，大幅的照片覆盖了整个页面，整体设计风格简约而又大胆。虽然设计中去掉了多余的元素，但是屏幕上显示的各地的照片却巧妙地展现出作者对空间的看法和品位。在电脑端和手机端浏览时，标题显示的时机是不同的，这种简约但非常方便的UI设计值得参考 图1-70 。

像摄影作品集一样的设计

打开"冈部健二写真集"的博客网站，就会立刻被大幅的照片所吸引。网页设计像摄影作品集一样，几乎没有文字，主要是美丽动人的照片。照片旁边的标题会有部分文字与照片重合，只有重合部分的文字会显示为白色，以此确保文字的视觉效果。而一般显示在页脚部分的版权信息，在该博客网站中却取代了标题的位置，显示在左上方，这个想法与主要展示照片的博客网站十分契合 图1-71 。

图1-71 冈部健二写真集
（http://kenjiokabe.com/）

网页布局的发展趋势

近年来，手机优先的趋势逐渐盛行，而电脑端浏览网站时大多使用横屏，网页设计会拉宽显示。以下所述趋势为电脑端网页布局的趋势，也可以说是这一问题的解决方法。

横向滚动布局

此前由于横向滚动布局很难保证使用感，所以网页设计中尽量避免使用这一方式。但是自从苹果公司（Apple）的iPad Pro介绍页面使用过之后，采用横向滚动布局的网站便越来越多。横向滚动的情况下，网站内容以故事板的方式呈现，所以比较适合主要展示照片或图形的网站 图1-72。

横向滚动的布局虽然适合电脑端的横屏，但是不适合手机端使用，所以许多设计案例中会将手机端的显示效果改为竖向滚动 图1-73。

并且采用横向滚动布局设计时会预置功能，即当用户垂直滚动页面时，画面不会静止不动，内容将继续横向滚动，以此来保证良好的使用感。

分栏布局

分栏布局指的是将画面分为左右两栏的布局方式。除了 图1-74 所示的简单布局，还有滚动时单侧区域固定、左右区域滚动方向不同等手法 图1-75 [1]。

一般采用这种布局方式时，手机端显示时会更改为多个区块竖向堆叠的布局。

电脑端的页面布局以横屏为准，而手机端的页面布局以竖屏为准，并且电脑端显示时将画面分为两栏的话，左右区域都可以竖向滚动展示。这样一来，电脑端与手机网站的纵横比差值会减小，则更便于调整视觉效果。

译者注：1 图1-75的网站分左右两栏，网页整体为下拉滚动，但每一侧展示商品图片的部分可以单击箭头左右滑动展示。

图1-72 横向滚动示例（电脑端显示的效果）

图1-73 竖向滚动示例（手机端显示的效果）

iPad Pro
https://www.apple.com/ipad-pro/

图1-74 简单的分栏布局案例

阿尔果–自动化视频
https://algo.tv/

图1-75 滚动方向不同的分栏布局案例

Madina Visconti｜Osanna e Madina Visconti di Modrone
https://madinavisconti.com/

第 2 章

配色

配色是决定网站调性的重要因素。但是设计网站时通常需要以品牌标准色为主进行配色，很少能够自由地使用颜色。

在考虑为品牌标准色搭配什么颜色的时候，了解基本的配色知识就显得尤为重要。

所以第二章将介绍网页设计中配色的思路。

01 网站配色的作用

要

点

网站设计中，颜色发挥了诸多作用。

因为颜色是第一时间进入用户视线内的元素，所以很大程度上决定了网站给人的第一印象。

另外，配色也能够发挥整理信息、促进用户行为的作用。

强调品牌标准色的作用

许多企业为了使宣传册、官网等媒体的视觉效果保持一致性，通常会制定"视觉识别（Visual Identity，VI）"准则。VI中通常会对品牌标准色、配色指南等做出明确规定。

许多企业网站和服务网站的配色都基于品牌标准

色 **图2-1**　**图2-2**。目的是使用户在看到品牌标准色的一瞬间就能联想到该品牌，从而加深对品牌的印象，提升品牌认知度。有的企业甚至将VI定位为精准市场营销的精华、企业收益的支柱。P058将详细介绍品牌标准色的相关知识。

图2-1　电装（https://brand.denso.com/ja/）

"DENSO"的网站有效地使用了品牌标准色——红色

图2-2　电装（https://brand.denso.com/ja/）

首页下一级的品牌页在整个页面使用了品牌标准色，进一步加强了品牌的印象

促进用户行为的作用

网页设计的目的通常是诱导用户完成期待的行为，例如注册会员或者购买商品，而色彩在其中发挥了重要的作用。例如按钮，近年来已经基本不会见到添加光影效果的立体感按钮了，现在更重要的是色彩。可能最容易想到的是非常醒目的红色，但为了更好地传达按钮发挥的作用，配色时还需要考虑到与背景或相邻部分的色彩平衡，以及与布局和效果之间的协同效应 **图2-3**。

图2-3　芝士挞烘焙（https://cheesetart.com/）

"芝士挞烘焙"的网站左下角设置了带有动画效果的新消息提示按钮

决定设计的调性

色彩在很大程度上决定了设计给人留下的印象。例如，要营造时尚的风格选择单色 **图2-4**，要营造欢快的风格则选用彩色 **图2-5**。在决定配色的时候，需要认真考虑一下，希望向网站的目标用户强调什么，希望给他们留下什么印象。调性可以说是一个网站的个性，所以保持调性的统一，做到清晰易懂是至关重要的。做到这一点，用户就可以放心地浏览网站，专注于网站的内容。

设计师宇都宫胜晃的作品集网站。配色以蓝色为基调，整体风格非常时尚

图2-4 当下（present.）（https://present.jp/）

"ASOVIEW" 主要提供网络服务，网站采用红色、粉色、黄色等，色彩多样，用户浏览网站时也会产生兴奋的心情

图2-5 阿索视觉（ASOVIEW）（https://www.asoview.co.jp/）

拓宽设计的可能性

网页设计中，色彩的作用和设计目的同等重要。哪怕底色只有黑色或白色，色彩的运用也会极大地影响设计的印象，色彩与间距、字体、图片等细节构成了网站整体的视觉效果 **图2-6**。不同网站的配色目的和方法也有所不同，将配色用于获得转化、品牌宣传，或者在信息设计或在视觉表现中加入符合用户心理的色彩设计，能够为实现扩大品牌认知度、创造附加价值、与竞争对手实现差异化等目标发挥重要的作用 **图2-7**。

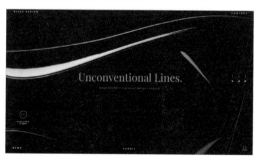

这是位于爱知县的一家产品设计事务所 "BLUES DESIGN" 的网站。网页采用了黑色背景加白色文字的设计，使整体具有高级感和厚重感

图2-6 布鲁斯设计（BLUES DESIGN）（https://www.blues-d.co.jp/）

这是时尚品牌 "THE GIGI" 的网站。首页的白色背景上排列显示着英文字母，整体设计充分地传达了简约但高级的品牌形象

图2-7 吉吉（THE GIGI）（https://www.thegigi.it/en）

02 色彩的基本知识

要　点

要向他人解释配色的原因或意图，色彩的基本知识是必不可少的。
对颜色的工作原理了解得越多，考虑配色时的意图就越清晰。

三原色

电脑或手机的显示屏将红（Red，R）、绿（Green，G）、蓝（Blue，B）这三种颜色进行组合，就可以显示网站的所有颜色。这三种颜色叫作"光学三原色"。在亮度最高的状态下，将三种颜色的光混合就会变成白色。CSS一般利用RGB各种颜色光的亮度来指定颜色。

而印刷时，会用靛蓝（Cyan，C）、品红（Magenta，M）、黄（Yellow，Y）这三种颜色的墨水组合来表现所有颜色。这三种颜色叫作"颜料三原色" **图2-8**。在实际印刷中还会加入黑（K），使用四种颜色（CMYK）的墨水。

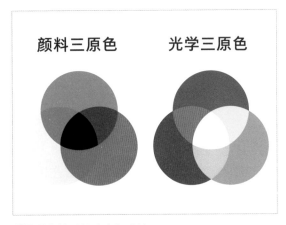

图2-8　颜料三原色和光学三原色

色彩三属性

色彩具有"色相""明度""饱和度"三种属性，合称"色彩三属性"。

"色相"是色彩的相貌，指的就是红色、黄色、绿色、蓝色等色彩的种类 **图2-9**。"明度"指的是色彩的明暗程度 **图2-10**，"饱和度"指的是色彩的鲜艳程度 **图2-11**。色彩的明度越高，越接近于白色；明度越低，越接近于黑色。饱和度越高，越接近于纯色；饱和度越低，越接近于灰色。例如，即使色相不同，只要饱和度和明度相近，色彩搭配在一起就比较协调，所以在考虑配色的时候，首先理解色彩三属性是非常重要的。CSS中如果采用HSL的形式，就可以通过三属性来指定颜色。

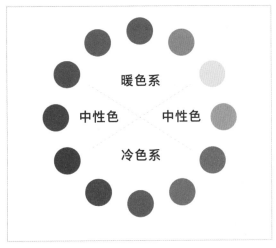

图2-9　色相（色相环）

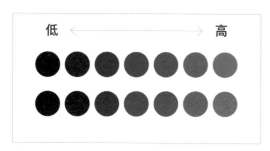

图2-10 明度

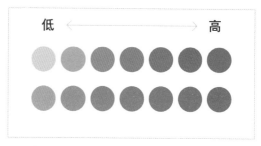

图2-11 饱和度

有彩色和无彩色

色彩可以分为有彩色和无彩色两大类 **图2-12**。

"无彩色"指的是黑、白、灰，这些颜色没有色相和饱和度，只用明度来表示。用RGB值表示的时候，这三种颜色的RGB三个值都是相等的[2]。"有彩色"指的是无彩色之外的所有颜色。

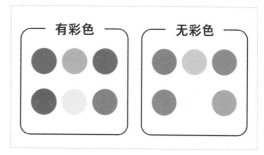

图2-12 有彩色和无彩色

色相、明度、饱和度导致的印象差异

色彩三属性会在很大程度上影响色彩的印象。从色相来看，红色、黄色等暖色系给人温暖的感觉，蓝色等冷色系则给人清冷的感觉。暖色似火，冷色如水或冰，许多颜色会使人联想到日常生活中相近的自然事物或现象，这也会影响颜色给人的印象。

从明度来看，明度越高，给人的印象越轻盈、越柔和；明度越低，给人的印象越厚重、越坚硬。

从饱和度来看，饱和度越高，给人的感觉越艳丽、越强势；饱和度越低，给人的感觉越朴素、越放松。另外，饱和度越高，越会强化色相给人的印象。

了解了以上知识，就可以发挥颜色的属性，根据希望形成的风格选取颜色。如果想要形成明亮的印象，就使用明度高的颜色，如果想要形成活泼的印象，就使用饱和度高的颜色 **图2-13**。

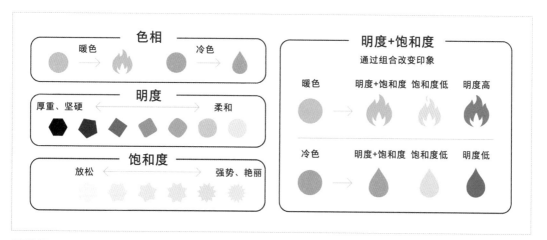

图2-13 色彩三属性导致的印象差异

译者注：**2** 黑色的值是RGB（0，0，0），白色的值是RGB（255，255，255），灰色的值是RGB（192，192，192）。

03

色彩给人的印象

要
点

接下来基于色彩三属性的知识，我们具体看看色彩会给人留下什么样的印象。
首先介绍不同色相给人的印象，再谈谈网站的调性。

黄色的印象

　　黄色会让人想到太阳，是所有色相中明度最高的颜色。黄色会给人清爽、轻松、幽默等积极阳光的印象，还可以用来展现幼稚、孩子气的风格。同时黄色也比较醒目，所以也会用作警戒色，在日常生活中的标识等事物中都能够见到 图2-14 。

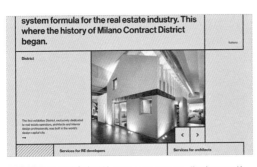

图2-14　米兰诺室内设计（Https://contract-district.com/）

橙色的印象

　　橙色比黄色更加令人感到放松，会令人联想到阳光、活泼、喜悦、温暖、亲切等，给人一种安心感、阳光感。橙色很少有消极的印象，日常有许多可以使用的场景 图2-15 。

图2-15　丽坎泽（RICANZA）（http://ricanza.com/）

红色的印象

红色似火，会让人联想到炎热、热气、兴奋、热情、活跃等，给人一种充满能量的积极印象。相反，因为红色非常醒目，所以也多用作警戒色，最具代表性的便是消防车。同时也用于强调内容的紧急性很高 图2-16 。

图2-16　英雄基金（HEROs FUND）（ https://sportsmanship-heros.jp/ ）

蓝色的印象

蓝色好像水或冰，给人以冷静、冰冷的印象。在这一基础上，还会延伸出清洁、信任、沉稳、清爽等印象。蓝色既具有令人信任的积极的一面，又具有令人不安的消极的一面 图2-17 。

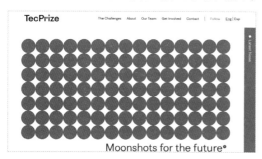

图2-17　TecPrize（ https://tecprize.org/ ）

绿色的印象

绿色好似树木或森林，会给人以闲适、治愈、和谐、认真的感觉，绿色形成的主要印象是干净，但也会令人产生保守、被动的印象 图2-18 。

图2-18　名古屋造型大学（ http://www.nzu.ac.jp/gex/2018/ ）

紫色的印象

由于历史上紫色染料非常名贵等原因，所以紫色代表着高贵、优雅。紫色是位于红色和蓝色中间的颜色，所以红调较强的紫色给人艳丽的感觉，蓝调较重的紫色给人神秘的感觉，根据色彩的不同，给人的印象也会产生变化。另外，如果饱和度过高，会显得比较俗气，所以使用紫色的时候，需要注意是否呈现出自己心中的感觉 **图2-19** 。

图2-19 数字资产（Digital Asset）（https://www.digitalasset.com/）

白色的印象

白色是明度最高的无彩色，经常用于表现纯粹、清洁、和平、祝福、正义等积极的印象。同时白色没有任何主张，所以可以随意使用。使用主张性较强的颜色组合时，也可以将白色夹在中间，使整体更协调 **图2-20** 。

图2-20 COMP（http://www.comp.jp/）

黑色的印象

黑色是明度最低的无彩色，适合表现高贵、厚重、权威、传统等印象。另外，因为夜晚是黑色，所以黑色也会给人幽暗、寂静、恐怖的印象。黑色可以用于文字，使文字更加醒目，凸显周围艳丽的色彩，也可以和白色一样用于隔离色，功能性较高 **图2-21** 。

图2-21 欺凌与行为（Bullying and Behavior）（https://bullyingandbehavior.com/）

色调的印象

除了色相，色调也会在很大程度上影响色彩给人的印象。色调是由明度和饱和度决定的。

P051也提到，明度高的色彩给人轻盈、柔和的感觉 图2-22，明度低的色彩给人厚重的感觉 图2-23。例如，同样都是绿色，明度高的绿色给人清爽、清凉的感觉，明度低的绿色给人更加镇静的感觉。饱和度影响的是鲜艳、艳丽等色彩主张的强弱。

色调的好处是可以通过明度和饱和度的搭配，在组合使用多个颜色的时候得到和谐的配色，也更易于控制整体的印象。例如，组合使用时色相不同的颜色，降低饱和度更容易使颜色协调，色调可以使不同的色相形成统一的印象 图2-24。反过来讲，将同色系的颜色组合使用的情况下，通过不同色调的组合能够拓宽可选择的颜色范围 图2-25。

图2-22 高明度的绿色 | Japan Medical招聘网站（https://recruit.japanmedical.jp/）

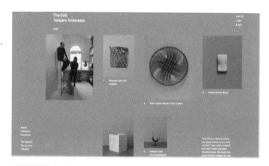

图2-23 低明度的绿色 | 每日器物（https://www.everyday-needs.com/）

图2-24 不同色相的组合、降低饱和度 |
　　　 AGNES LLOYD-PLATT
　　　（Https://agneslloydplatt.com/）

图2-25 同色系的组合产生的不同色调 |
　　　 株式会社欧哈可招聘网站
　　　（https://ohako-inc.jp/recruit/）

04 主色、底色、副色、强调色

<blockquote>
要点

网站设计的一大目的是使用户的操作更顺畅，

所以在考虑配色的时候，需要使每一个颜色都能发挥相应的作用。

例如呈现整体基调的颜色、增添色彩的颜色、凸显要素的颜色等。
</blockquote>

主色

在配色当中，呈现整体第一印象的颜色叫作"主色" **图2-26**。主色一般选择品牌标准色（P058）或符合目标群体喜好的颜色，主色是配色的核心。

在色彩方案或下述底色设计中选择与主色相协调的颜色，就能够使整体配色具有统一感。

如果主色的饱和度较高，就容易显得烦琐。如果不是按照品牌标准色选择主色的话，那么建议选择频繁出现也不会让人感觉厌烦的颜色。

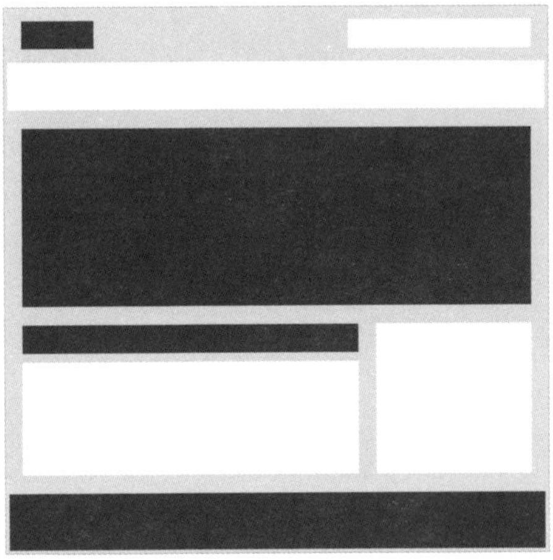

图2-26　主色决定整体印象

底色

配色当中占据最大面积的颜色叫作"底色" **图2-27**。和主色一样，底色也会为整体的第一印象带来巨大的影响。底色主要用于背景等，很多情况下占据了总面积的60%～80%，且很多情况下会使用留白加强底色的印象 **图2-27**。但是也有不区分底色和主色的情况。

使用底色的时候，通常会选择能够突出主色的颜色作为底色。为了避免与主色冲突，经常选用色调不同的同色系色彩、互补色或白色、灰色等无彩色。在色彩设计中处理好主色与底色的关系，能够极大地改变色彩的第一印象。

图2-27　底色用于背景等

强调色

　　强调色指的是用于小范围、强调特定元素的颜色 图2-28 。色彩和色调都高度统一的情况下容易显得无趣。在小范围内使用一个其他颜色，能够在不破坏整体印象的前提下添加色彩的点缀。由于强调色是一个特殊元素，会吸引用户的注意，所以网站中经常将强调色用于转化按钮等。一般多使用醒目的红色、橙色等暖色系的颜色。

　　但是由于强调色在网页中十分醒目，如果大面积使用，容易破坏主色和底色的协调，所以选择色彩时需要注意与使用面积之间取得平衡。

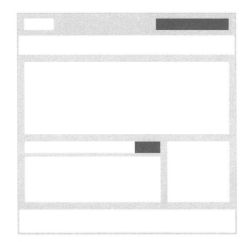

图2-28　强调色使特定元素更加醒目

副色

　　简单来讲，副色就是用来辅助主色的颜色 图2-29 。用于主色过强的场合或希望营造华丽印象的场合中都十分有效 图2-30　图2-31 。

　　近年来，比起组合使用多个色彩，现在更多的设计是在色彩之间取得平衡，将网站的色彩交给照片和主图，而设计要素只通过底色和主色来进行配色。所以可以根据网站的目的和传达的内容，考虑是否需要使用副色或强调色。

图2-29　副色用于辅助主色

图2-30　丰田 | 面向大学生的招聘网站
（https://www.toyota-monozukuri.jp/）

图2-31　安昙野烘焙屋
（http://azuminoru.com/）

05

品牌与色彩的关系

要点

宣传企业、服务或产品的时候，为了给用户留下深刻的印象，确定品牌标准色是非常重要的。
提出网站设计方案时，重视并选择适当的品牌标准色尤为重要。

什么是品牌标准色

宣传品牌形象的时候，如果LOGO、名片、产品手册、网站等与顾客的接触方式之间视觉效果不统一的话，不会在顾客的脑海中形成明确的品牌形象。因此，规定好VI规则可以使视觉效果保持一致性，有助于形成确定的品牌形象 **图2-32**。

而色彩是VI中最容易认知的元素，提前制定好规则，就能够形成一致的品牌形象，所以需要慎重选择。

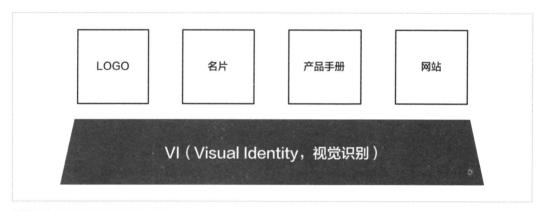

图2-32　通过VI保持视觉效果的一致性

品牌标准色的作用

设计品牌标准色的时候，除了需要与竞争对手之间实现差异化，传递品牌理念、愿景、特色，还需要考虑到希望用户对品牌形成什么样的认知等情感方面的因素。反过来说，选定合适的品牌标准色，就可以在企业内外广泛共享品牌的发展方向。

例如，以蓝色为品牌标准色的企业运营网站服务的时候，在产品也使用蓝色，就能够使用户对产品也产生蓝色所带来的安心感、放松感。在LOGO或广告

等使用蓝色，能够使用户获得"蓝色服务"的感觉认知，进而关联到具体的认知。同时，向员工解释"选择蓝色"的缘由，能够加强认知，促使员工按照品牌的发展方向展开工作，产生符合品牌方向性的灵感。

当然品牌宣传不能仅靠色彩来实现，但是品牌标准色是影响第一印象的主要因素，发挥了极其重要的作用 **图2-33**。

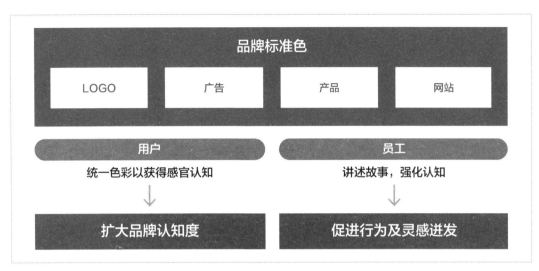

图2-33 品牌标准色的作用

色彩规范

历史悠久的企业或注重品牌的企业会严格贯彻字体、色彩、LOGO等设计方面的使用原则。这叫作"设计规范"或"设计指南" 图2-34 。色彩规范会很大程度上影响品牌的印象，在设计中是不可或缺的。模板中大多会明确规定印刷用的CMYK色值、专色编号、网页用的RGB色值等数据。也有的企业会对LOGO、文字颜色、标题颜色的配色进行整体规定。

这是企业树立品牌形象的根基，是至关重要的。所以制作网站时需要特别注意和确认。

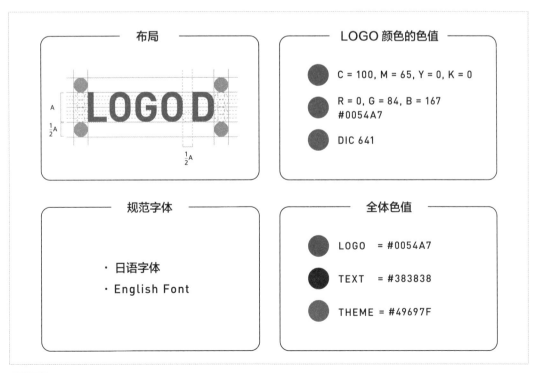

图2-34 规范的种类

06 配色的基本方法

要

点

组合使用多个颜色的时候，注意色相或色调，
就能够使搭配的颜色具有统一性，或凸显其中的某个颜色。
下面介绍组合使用多个颜色时的基本思考方式。

同色系组合

为了加强品牌标准色的印象，有时会使用同色系
使网站形成统一的印象。例如品牌标准色是红色，那
么在主图或UI部分也使用红色，就不会破坏品牌形
象，保持配色的统一性。

使用同色系进行的配色叫作"主导色配色"。主
导色配色可以强调色相形成的印象，但也容易显得单
调。这时可以与不同色调的同色系组合使用，或在部
分区域使用红色和黄色等色相环上邻近的色相，如此
一来，就可以在不破坏整体印象的前提下拓宽配色的
范围 图2-35 。

图2-35　同色系配色案例

不同色相的组合

组合使用不同颜色时，只要色调一致，颜色之
间就能保持和谐。虽然实际效果也取决于色彩的面积
比，但如果用于同等面积，色调形成的印象会比色
相更加醒目，如果色调明亮，则会给人比较热闹的感
觉。如果色调较暗，则会给人前卫高雅的感觉。

如果想要突出一个特定的颜色，可以提高该颜色
的饱和度，其他颜色统一使用饱和度较低的色调，就
能够实现突出特定颜色的效果 图2-36 。

什么是互补色

选择不同色相的颜色时，如果事先掌握了互补色
的知识，就能够更加顺畅地进行选择。

互补色指的是位于色相环上正相反位置的两个色
相。按照P051介绍的色彩表现方法不同，也会有所差

异。但一般来说红色的互补色是绿色，黄色的互补色
是紫色，蓝色的互补色是橙色 图2-37 。将以上颜色组
合使用，就能够相互突出。

P057中介绍的强调色也是同样，使用整体色彩
的互补色就能够加深印象。

如果不是双色，而是希望搭配三种颜色的情况下，
可以使用色相环上等间距的三种颜色，如此一来，颜
色方面就不会出现偏颇，色彩搭配也会更加和谐。

例如网站经常使用颜色来对内容分类，这种情
况下如果使用相近色，不同种类之间的差异则不够明
显。如果在相同色调的前提下尽量选择色相环上等间
距的颜色，就能够保证没有十分突出的颜色，从而使
颜色区分足够明显。

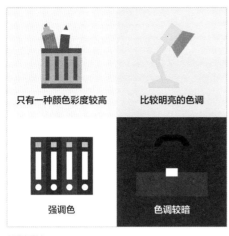

图2-36 不同色相的配色案例

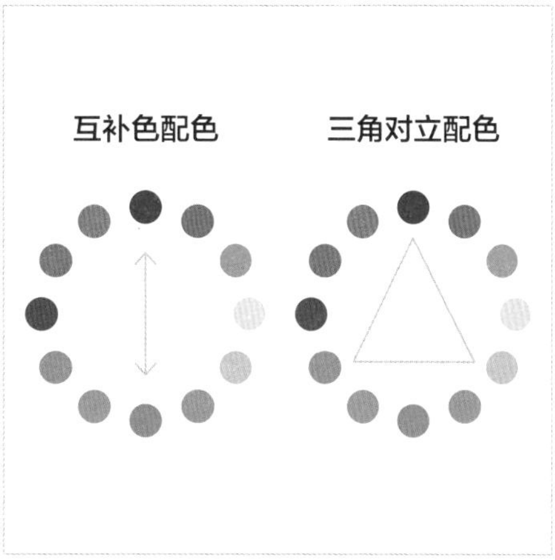

图2-37 色相环（孟塞尔颜色系统）与配色的关系

隔离色的使用

尤其是将饱和度高的互补色等组合使用的时候，如果两种互补色距离很近，则会产生光晕，色彩之间的分界线看起来也会非常刺眼。这时可以将其他颜色夹在两种颜色之间使用，以缓和两种颜色的对比。这种色彩的使用方式叫作"隔离色"。如果组合使用两种类似的颜色，希望使颜色之间的分界线更加明确，也可以使用隔离色。

为了避免影响色彩组合所形成的印象，常选用无彩色为隔离色。例如，为了提升可读性，有时会为文字添加白色边缘，或增加阴影。这也是隔离色的一种使用方法 图2-38 。

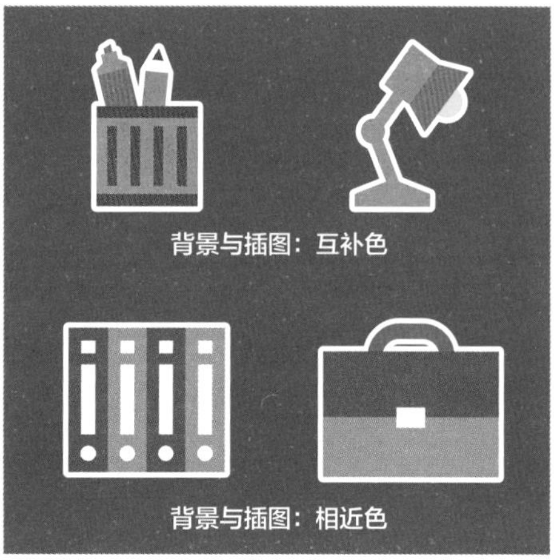

渐变的使用

如果组合使用多个颜色的时候希望模糊分界线，可以使用渐变效果。渐变可以使色彩之间的分界线变得模糊，对色彩的变化不会产生违和感。

但是需要注意的是，互为互补色的两种颜色如果形成渐变的效果，中间的颜色就会变成灰色，会让人感觉颜色非常浑浊。这时可以在两种颜色之间加入中间色，如果以白色为中间色，渐变就会变得比较干净 图2-39 。

图2-38 使用隔离色的配色案例

图2-39 使用渐变的配色案例

可访问性与配色

设计网站配色的时候，还需要考虑到可访问性（Accessibility）。可访问性指的是包括老年人或有视觉障碍的用户在内的所有用户，在任何使用环境都能够获得信息的程度。

要保证高度可访问性，原型设计和JavaScript编程至关重要，但配色设计过程也必须保证具有各种色觉特性的人都能够访问网站。

什么样的配色能够提高可访问性

要通过配色保证可访问性，使所有人都能够正常访问网站，首先需要增加背景与文字的色彩对比度。

原则上对比度是由明度的差异决定的。例如，像图2-40一样仅仅按照色相的差异进行配色的话，第一色盲[3]的用户则无法读取文字。但是像图2-41一样增加明度差的话，用户就能够正常阅读文字了。另外，使用图标等的时候，仅仅依靠色彩分类的话，可能无法传递给部分用户，所以最好在明确显示色彩分界线的基础上添加文字图2-42。

可访问性的确认

Photoshop的"显示"菜单中有模拟第一色盲、第二色盲[4]视觉效果的功能，所以完成设计后，可以做成图片通过这一功能进行确认。另外，东京都等政府制定了针对颜色的通用设计指南，也可以提前查阅类似资料图2-43。

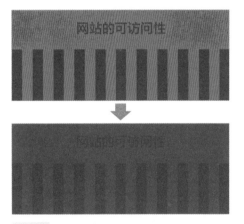

图2-40　配色对比度较小时的视觉效果
第一色盲患者的视觉效果

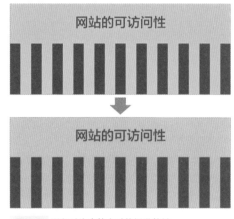

图2-41　配色对比度较大时的视觉效果
第一色盲患者的视觉效果

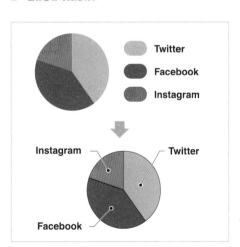

图2-42　通过色彩和文字对信息分类

图2-43　东京都针对颜色的通用设计指南

译者注：**3** 又称红色盲，患者无法分辨红色。
4 又称绿色盲。患者虽然相对光谱敏感度曲线大致正常，但对绿光的感受性差，尤其是分辨不清紫红和绿色，并把二者看成是黄白色。

解决配色难题的实用网站

设计配色的时候，最重要的是确定核心的主色，但如果没有熟练掌握这种方法，就会迟迟无法决定色彩的组合搭配。

网络上有许多可以帮助我们设计配色的工具或网站，下面为大家介绍几个实用的工具。

Adobe Color CC

Adobe Color CC是一个可以通过操作色相环来完成相近色、单色（同一色相）、三角对立（三色配色）、互补色、混合（相近色+互补色）、阴影6种配色的工具 **图2-44** 。这一工具可以帮助我们依据科学理论选色，方便快捷。

该网站还可以上传图片后从中选取颜色，所以按照主图进行配色的时候该网站也非常实用。

配色模板库

在这一网站中，只要选择一个主色，就会显示关于该颜色的说明和能够搭配的颜色 **图2-45** 。在这个网站可以浏览多种多样的颜色组合，所以可以便捷地寻找到可供自己使用的配色样式。

色彩捕捉

这个网站每天介绍一个四种颜色组合而成的色板。既可以了解到配色的趋势，又可以在浏览多种多样的色彩组合时获得搭配灵感 **图2-46** 。

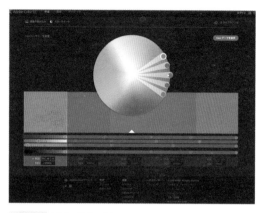

图2-44　Adobe Color CC
（https://color.adobe.com/ja/create/color-wheel/）

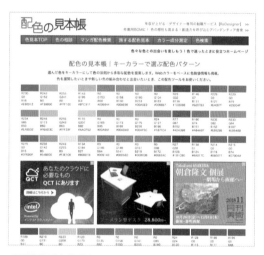

图2-45　配色模板库（https://ironodata.info/）

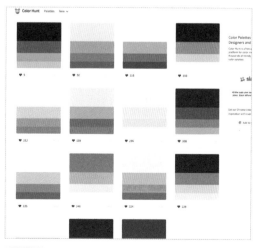

图2-46　色彩捕捉（https://colorhunt.co/）

07

不同风格的配色案例①
可爱、前卫

表现可爱、前卫的色彩设计多采用柔和但又具有视觉冲击力的颜色。因为营造的是女性化、活跃、开朗的印象，因此应该使用高明度、高饱和度的颜色，使整体具有清透感。通过明度和饱和度的组合，使配色整体达到平衡，可以营造出一种沉静色调中透着明亮活泼的风格。并且仅只改变明度和饱和度，整体的印象就会发生显著的改变。

"Emistin"的网站使用了高明度的颜色，同时视觉效果和素材的色调搭配得十分和谐。使用降低了饱和度的强调色，保持了整体的沉静感的同时，又增添了一丝可爱。转化区域使用的低明度的无彩色，为整体色调增加了

图2-47 Emistin
（http://emistin.jp/）

明暗之分，可诱导用户完成转化行为 **图2-47** 。

色值	
#FFFB69	
■	#000000

图2-48 庆典工作室（EventStudio）
（https://www.eventstudio.jp/）

色值	
■ #FB694C	■ #46C0F9
■ #CDD6D5	□ #FFFFFF

使用明亮的配色
展现前卫的风格

主营活动策划的"庆典工作室（EventStudio）"的网站配色明亮、充满活力，令人联想到工作、事业。整体的网页设计通过插图装饰和主色，将原本枯燥乏味的内容表现得十分前卫。

网页中大面积使用白色，再点缀与主色相同的图案，为用户增添了趣味性 **图2-48** 。

为文字增添色彩，
营造前卫的风格

　　"儿童Car Sensor"的网站为文字添加了多种色彩，营造出了一种丰富多彩又前卫的风格。该网站将主色用于插图和文字部分，使整体配色虽然纷繁但具有统一感。同时为了避免过于分散，还将主色和强调色分别用于不同区域，便于用户掌握每一个区块的阅览方式 图2-49 。

图2-49　儿童Car Sensor
（https://www.carsensor.net/about/kodomo/）

色值

■ #FB6428	■ #1D23FA	■ #FBE853

图2-50　宾格（Bingle）
（https://pigeon-htravel.com/bingle/）

色值

■ #DC839B	■ #B0C979	■ #FDE835
■ #F2A240	■ #3AAAEB	■ #199975

采用多种色彩，
营造前卫的风格

　　介绍婴儿车的网站"宾格（Bingle）"使用了多种色彩，使整体呈现前卫、明亮的风格。并且不是使用明度和饱和度都相同的色调，而是采用多种配色，方便用户迅速抓住传达内容的要点。使用多种色彩的时候需要考虑到使用感，该网站将底色用于各区域的标题部分，只有内容部分使用固定的背景色，在UI设计方面既保证了整体明亮的风格，又保证了易读性 图2-50 。

用相对色展现
具有平衡感的前卫风格

　　"BENCHMARK招聘网站"将LOGO中的两个品牌标准色用作网站设计的主色。这两种颜色是相对色，该网站利用视觉元素和留白区域在这两种颜色之间形成了协调感。同时该网站还利用品牌标准色展现了公司整体的价值观，内容部分使用了高明度的颜色，而转化区域使用了无彩色，参考这一案例可以了解到，网页设计中可以使用配色将用户引导至特定的目的 图2-51 。

图2-51　BENCHMARK招聘网站
（https://benchmark-inc.co.jp/）

色值

■ #3780F7	■ #E3FC52

08

不同风格的配色案例②

优雅、高级

优雅、高级一类的设计当中，多使用细致的配色和具有厚重感的颜色。由于这一类设计会给人细腻、厚重感、成熟等印象，因此多使用低明度、低饱和度的颜色，使整体具有清透感。高明度和低明度、高饱和度和低饱和度的组合能够营造出令人放松、安心的氛围。同时，使配色和字体、视觉效果等搭配协调，就可以使整体内容有张有弛。

"Yuen-结缘"的网站将主视觉和素材的色调进行了有机的结合，整体使用低明度的颜色。同时，将高明度的无彩色用作视觉主色，使整体令人安心沉静的同时又具有高级感。转化区域采用高明度的无彩色，使整体色调具有明暗区别的用时诱导用户完成转化行为 **图2-52** 。

图2-52　Yuen-结缘
（ https://yuenjp.com/ ）

色值

■ #222828　□ #FFFFFF

图2-53　BIJOUPIKO GROUP
（ https://bijoupiko.co.jp/ ）

通过沉静的配色营造高级感

"BIJOUPIKO GROUP"的网站主营珠宝，整体配色令人安心舒适又具有高级感。强大的视觉效果和主色与关键色的搭配之间实现了良好的平衡，菜单和下级页面的配色则给人温暖的感觉。整体呈温暖风格的下级页面采用了比首页明度更高的颜色和无彩色，突出内容的同时能够令人感到与首页之间的衔接性 **图2-53** 。

色值

■ #271E1B　□ #FFFFFF　■ #917C50　▨ #E3DFD8

通过沉静的配色营造高级感

"四季酒店 豪宅 京都"的网站使用了诸多令人印象深刻的视觉设计，并且通过配色突出了酒店的视觉效果，营造出了令人放松舒适的空间。底色的大面积使用凸显了视觉元素的饱和度，并且能够精准地引导用户的视线。该网站的配色充分地展现出了建筑和风景的美丽 **图2-54** 。

色值

■ #222222　■ #333333　□ #FFFFFF

图2-54　四季酒店 豪宅 京都
（ https://fshr-kyoto.com/ ）

图2-55　八户公园酒店
（ https://hachinohe-park.com ）

吸引用户视线的配色

"八户花园酒店"网站的配色充分考虑到了用户转化，十分具备参考价值。在背景上大面积使用白色，吸引用户的注意力，整体色彩设计非常清晰易读。转化区域采用LOGO色，同时还发挥着统一整体色调的作用 **图2-55** 。

色值

□ #FFFFFF　□ #F3F3F3　■ #284F30

通过无彩色展现商品魅力

"CITIZENL特设网站"将无彩色的明度区分使用，通过视觉效果展现出了商品的魅力。每一部分的色彩设计都符合整体的视觉设计和配色，即使是相同页面内，也可以使用户迅速地理解不同的产品和理念 **图2-56** 。

色值

□ #FFFFFF　■ #000000　□ #F1F2F3

图2-56　CITIZENL特设网站
（ https://citizen.jp/special/index.html ）

08

不同风格的配色案例 ⊘ 优雅、高级

商务、信任

　　商务、信任一类的设计中，需要营造诚实、放心、清爽的印象，因此多用令人安心、放松的配色。将企业标准色用作关键或主色，可以使企业网站具有整体性，是凸显企业形象的极好方式。还有企业会对关键色等细节做出详细的规定，从使用规定的配色到展现企业形象的配色，设计方法多种多样。

　　"株式会社明邦空调"的网站大面积地使用了白色，虽然简单，但是根据按钮、Tab选项卡区域、文字颜色等不同功能进行了配色。并且设计中使用了能够强调企业形象的LOGO色。LOGO中的渐变也应用到了视觉效果和转化区域中，在许多细节之处都展现出了品牌形象 **图2-57**。

色值

#003864	#5295B4	#FF5E00

图2-57 株式会社明邦空调
（https://www.meihou-ac.co.jp/）

图2-58 Bizmates
（https://www.bizmates.jp/）

用沉静的配色展现诚实的印象

　　"Bizmate"的网站通过主色和关键色的搭配，使得整体配色令人放松，给人以诚实和积极的感觉。该网站将企业标准色用于文字、图标等元素中，树立企业形象的同时向用户展现了令人放心的印象 **图2-58**。

色值

#3A84BE	#FCED71	#F2F8FC	#FFFFFF

通过高饱和度、高明度的颜色营造安心感

"塔卡沙（TaKaSa）株式会社"的网站以企业标准色作为基本的关键色，同时还使用了多个其他关键色。虽然每一部分业务的内容都使用了两种颜色，但颜色的饱和度和明度相近，因此整体配色具有统一性，令人放松、安心 图2-59 。

色值

#3A873E　#69B5C4　#E47C6D

图2-59 塔卡沙（TaKaSa）株式会社
（https://www.takasa.co.jp/）

图2-60 CBPartners
（https://www.cb-p.co.jp/）

使用感良好的配色

"CBPartners"的网站将企业标准色用于链接区域和链接按钮等，使用户可以迅速地了解网站传达的内容。关键色和文字颜色之间和谐统一，给人以诚实、安心、可信赖的感觉。虽然使用的颜色数量较少，但能够感到设计过程中进行了细致的考虑，并且十分注重使用感 图2-60 。

色值

#133280　#313335　#ECEEF0

配色细致，方便用户把握内容

"AMG解决方案"的网站在白色区域中将LOGO色用作关键色，使用户能够十分方便地掌握单击区域和内容。鼠标特效和选择时使用的是关键色，整个网站的配色和设计都具有很高的功能性，注重用户的使用感 图2-61 。

色值

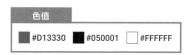
#D13330　#050001　#FFFFFF

图2-61 AMG解决方案
（https://amg-solution.jp/）

10 有机、自然

有机、自然一类的设计中，多使用温暖、柔和的颜色。而为了营造柔和的印象，需要使用明度和饱和度都较柔和的颜色，使整体设计具有清透感。可以有效使用白色区域，通过视觉表现或配色将"绿色"和"蓝色"有机地组合，营造出令人放松的印象。

"木村绿化有限公司"的网站中，底色覆盖了整个页面，在图标等元素使用了关键色，使整体色彩设计能够清晰地传达信息。

另外，白色区域的视觉表现中使用了绿色，能够形成柔和、放松的视觉效果。下级页面的页尾部分使用的"绿色"视觉效果，使整体配色设计非常统一 **图2-62**。

色值

☐ #FFFFFF　■ #000000

图2-62　木村绿化有限公司
（http://kimuratyokka.com/）

通过底色和主色明确区域划分

"适享生活（STAYFUL LIFE STORE）"的网站为了形成统一的视觉效果，而大量使用了白色。使用底色和主色对区域和内容进行明确的区分，便于用户掌握信息。另外，转化区域使用了不同功能的关键色，设计中也考虑到了用户的使用感 **图2-63**。

图2-63　适享生活（STAYFUL LIFE STORE）
（https://stayful.jp/）

色值

☐ #FFFFFF　☐ #DADCDE　■ #2F2725　■ #893B3B

通过沉静的配色凸显视觉效果

"玄米餐厅 元气堂"的网站所展示的新鲜食材令人印象深刻。使用多处令人印象深刻的视觉效果进行强调,配色起到了很好的辅助作用,形成了令人放松的柔软空间。

各部分均使用了符合视觉效果的颜色,承担着划分区域和凸显视觉效果的作用。另外,转化区域以LOGO中使用到的品牌标准色为关键色,同时也起到平衡整体色调的作用 图2-64 。

色值

☐ #F7F1EA   ☐ #FFFFFF   ■ #9D5A15

图2-64 玄米餐厅 元气堂
（https://genmai-g.jp/）

图2-65 资生堂recipist
（https://www.shiseido.co.jp/recipist/）

利用产品视觉效果的配色案例

"资生堂recipist"网站的配色使用的是页面介绍的产品设计的视觉元素。产品中使用的插图配色色调非常舒服,插图和视觉元素形成了叠加效果,给人一种柔和、温暖的感觉。网站整体将产品的品牌标准色展现得非常平衡,使整体色彩设计具有统一性 图2-65 。

色值

☐ #F4ECEB   ☐ #FFFFFF

细致配色使整体内容更易于把握

"伊势田工务店"的网站以LOGO色为关键色,整体配色由白色区域和关键色构成。配色和视觉效果都非常简单,区域划分也非常清晰易懂,可以感受到整体的页面设计是存在确定的受众群体的。网站整体的配色比较柔和,而页脚使用的稍稍硬朗一点的"绿色"更加增加了整体的平衡感 图2-66 。

色值

 #31AE7F   ☐ #FFFFFF   ☐ #F0EDDE

图2-66 伊势田工务店
（https://www.isedakoumuten.co.jp/）

11

不同风格的配色案例⑤

冷酷、尖端

　　冷酷兼具简单和放松。因为要营造干练、前卫的印象，所以配色仅使用无彩色，并尽可能减少使用颜色的数量。通过简单的配色使整体具有平衡感，可以更加凸显内容和视觉效果。如果想要强调视觉冲击力，也可以将多个颜色大胆地组合，形成锐利的印象。

　　"迪桑特Allterrain"的官方网站采用了两种无彩色，整体风格简约舒适，但又有效地传达了视觉背景色和商品的颜色。为了清晰地传达商品和品牌形象，整体设计非常清晰易懂 **图2-67** 。

色值	
☐ #FFFFFF	■ #000000

图2-67　迪桑特Allterrain
（ https://allterrain.descente.com/ ）

减少颜色数量
明确传达信息

　　"不破（FUWA）"的网站中，主色与关键色的配色形成了一种令人放松、坦率诚实的感觉。该网站减少了所用颜色的数量，仅使用与商品相近的颜色，将网站的视觉效果和文字信息传达得非常直观、清晰。另外，转化区域的渐变效果还利用了勺子本身的反射，视觉效果、文字、按钮的所有配色为用户营造出了清晰、安心的氛围 **图2-68** 。

色值	
■ #222222	☐ #F2F2F3

图2-68　不破（FUWA）
（ https://www.fuwa.jp/ ）

仅通过无彩色传达力量和舒适感

"黑白（SHIROKURO.inc.）"的网站配色正如公司名字[5]所示，虽然仅使用了白色、黑色两种无彩色，但具有力量感的同时也令人放松。虽然使用的颜色数量少，但仍然具有视觉冲击力，包括布局和留白的方式，都十分吸引用户，整体设计令人印象非常深刻 图2-69 。

色值

☐ #FFFFFF   ■ #000000

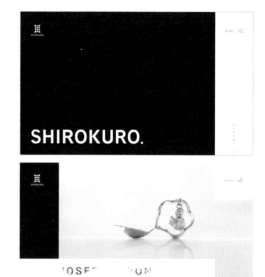

图2-69 黑白（SHIROKURO.inc.）
（https://shirokuro-inc.co.jp/）

使用多个颜色营造现代感

"Logram/为设计而存在"的网站风格前卫。尽管大胆地使用了多个颜色，但每个画面的配色都具有统一性，形成了先进的、现代化的风格。网站中介绍的实际项目虽然色调之间存在差异，但各个颜色叠加起来，网站整体的设计仍然取得了良好的平衡。用户通过配色的色调就能够掌握区域划分，整体的设计非常细致 图2-70 。

图2-70 Logram / 为设计而存在
（http://logram.jp/）

色值

■ #000000	#0021F4	#B759C7	#3852F6
#78FBF0	#568F30	#0B2F6F	#EC8732

使用无彩色展现产品魅力

"信号（SIGNAL Inc.）"的网站配色基本采用简单的黑白两色构成，并且通过素材、视觉元素等形成了充满力量又让人放松、具有厚重感的风格。布局丰富、华丽，信息和视觉区域的设计也非常清晰易懂 图2-71 。

色值

■ #040404   ☐ #FFFFFF

图2-71 信号（SIGNAL Inc.）
（https://www.signal-inc.co.jp/）

译者注：**5** SHIROKURO在日语中是"黑白"的意思。

不同风格的配色案例⑤ 冷酷、尖端

12

和

　　"和"一类的设计中，多为简练、高级的色彩设计。其中还有日本的传统色，是日本人自古以来便已经习惯了的颜色。其中有许多与自然相协调的颜色，饱和度较低，十分有韵味，能给人以轻松舒适的印象。

　　"小渊泽 有机餐厅"的网站配色与细致美丽的视觉效果内的颜色相近，既有现代色彩，又有传统色彩，两者之间取得了良好的平衡。整体使用了舒适、柔和的颜色，整体形成的明亮、华丽的印象与视觉、自然完美融合。字体也不是完全的黑色，而是采用了与背景配色相协调的颜色，这之间的颜色差形成了一种清透感。页脚部分使用了含有关键色的视觉元素，使整体配色设计形成了统一感 **图2-72** 。

图2-72　小渊泽 有机餐厅
（ https://www.soujyu.megaminomori.com/ ）

色值			
☐ #F4F4F4	☐ #FFFDF5	■ #333333	■ #4D4D50

图2-73　浅川（ https://asanogawa.jp/ ）

白色区域凸显页面文字

　　"浅川"的网站由白色区域和关键色构成。字体采用的是低明度颜色，形成细腻的美感。网页底色是白色，通过大面积使用白色，衬托出了视觉元素和文字。即便使用的颜色数量较少，但从该网站的设计可以了解到，白色的使用方法会极大地影响整体的印象 **图2-73** 。

色值		
☐ #FFFFFF	■ #000000	■ #393A41

搭配使用两种颜色，形成和的气韵

"京料理 木盒便当 六盛"网站的视觉效果十分鲜艳、细腻，而又有力量。

关键色选用了LOGO色和蓝色系，通过两种颜色的组合，营造出了日本的"和"的氛围。下级页面的各区域及内容部分的图标等元素也使用了具有"和"式美感的颜色，颜色组合非常美丽，展现出了传统的日式风格 图2-74 。

色值

| #432F90 | #FFFFFF | #AA901F | #000000 |

图2-74 京料理 木盒便当 六盛
（ https://www.rokusei.go.jp/ ）

通过明度和饱和度的变化传达故事性

"妈咪（MaMi）"的网站有介绍传统织物的内容，而网站配色作为辅助视觉效果和语言的一种方式，传达出了柔和、优美、细腻的印象。网页整体按照从页首至页脚的方向，各部分的明度和饱和度逐渐降低。内容设计清晰易懂，配色展现了故事性。字体方面采用低明度的颜色，兼具细腻与美感，明确地传达出了想要强调的内容 图2-75 。

色值

| #FFFFFF | #EEEEEE | #20202D | #333333 |

图2-75 妈咪（MaMi）
（ https://tablede-mami.com/ ）

细腻配色呈现传统形象

"八百彦本店株式会社"的网站因为是历史悠久的外卖餐饮企业，所以视觉设计和配色都呈现传统风格。标题、链接和鼠标悬停效果都采用的关键色，从细节处能够让人感受到配色的细致。同色系构成的视觉效果被有效地用于分割区域，色彩设计对于用户来讲非常清晰易懂 图2-76 。

色值

| #1C1A1A | #AA1212 | #000000 |

图2-76 八百彦本店株式会社
（ https://www.yaohiko.nagoya/ ）

配色的趋势

网页配色的趋势正在随着图形的UI、UX、设备的发展趋势而逐渐发生变化。

现在随着技术的进步，自由度显著提高，配色的手法多种多样，具有无限可能性。

风格多样的渐变

使用白色区域的设计中，将柔和的双色渐变作为视觉亮点，可使页面整体具有透明感。采用这种表现手法、令人印象深刻的设计案例越来越多 **图2-77**。

虽然整体设计简单，但是也需要按照布局对配色进行精心的设计。

CSS、canvas、WebGL等多种技术都可以表现出渐变效果，随着越来越多的浏览器开始兼容，渐变效果的使用也将变得越来越方便 **图2-78**。

明亮、前卫的配色

此前网页设计中就有使用插图的案例，而近年来随着CSS、SVG等技术的发展，表现的自由度更高，越来越多的设计案例都充分利用了先进的技术。虽然整体表现比较柔和，但采用明亮、前卫的配色，同时利用插图增添活力，如此一来就可以营造出丰富多彩的氛围 **图2-79**。

将配色与效果表现组合起来，就能够更有效地传达特定的印象。

多色组合形成的配色

还有许多设计案例中组合使用了多种色彩。而类似案例增加的原因之一是现在表现的自由度比以往更高，同时依靠图形、杂志的设计也成为了吸引用户的一种方式 **图2-80**。

将配色等视觉表现有机地组合，就能够保持品牌的统一性。

图2-77 有效使用渐变，使表现效果更加深入人心

日本SP中心
https://nspc.co.jp/

图2-78 与WebGL进行组合的渐变效果

InSymbiosis
http://www.insymbiosis.com/

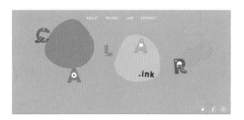

图2-79 与插图视觉表现相组合，展现明亮、前卫的风格

CALAR.ink
https://calar.ink/

图2-80 令人印象深刻的配色

Familiar Studio
https://familiar.studio/

第 3 章

UX 设计

网站的一个重要目的就是使目标用户在使用网站时产生转化行为。

所以，网站不仅需要美观，设计画面或功能的时候还需要将网站的操作性、SNS分享等用户体验全盘考虑在内。

第三章将介绍如何通过UX设计来提升"用户体验"。

01 什么是UX设计

要点

近年来，UX设计这个词受到了广泛关注。

但是目前许多人还没有理解UX设计具体是做什么的。

那么，UX设计究竟是设计什么呢？

UX设计是什么？

UX（User Experience）翻译过来就是"用户体验"。

我们在生活中对于所有事物的体验都可以叫作"用户体验"。但是这样一来范围过于宽泛，所以针对企业内设计师的工作范围进行定义的话，UX就是"用户通过公司产品或服务获得的体验" **图3-1**。

产品或服务是"物"，而体验是"事"，将两者对比来看，可以说"UX就是通过产品或服务获得的体验，UX设计就是一种设计体验的行为"。

我们以星巴克咖啡为例。虽然星巴克销售的商品是咖啡，是"物"，但是我们所支付的费用不仅是为了咖啡。放松舒适的空间、交谈的乐趣等，我们还在为咖啡之外我们能够获得的"事"，也就是体验而付费 **图3-2**。

用户体验=UX

用户与产品的关系

产品服务　　　用户

图3-1　UX指的是用户体验

事

交谈的乐趣　　放松舒适的空间　　事

物

咖啡　　　　　物

WiFi环境　　　　　等价金额

舒服的椅子

图3-2　UX不单是产品或服务，而是体验

什么是设计？

如上文所述，UX设计可以说是一种设计"体验"的行为。那么，"设计"本身究竟是一种什么样的行为呢？

设计这个词语，用在"漂亮的设计""可爱的设计"等表达中，用来表示外观。这当然没有错，但设计这个词语还包含着其他含义。维基百科对于设计一词的解释如下："为解决具体问题将思考概念进行组合，并辅以各种媒体进行表现。"

外观是漂亮还是可爱都是表面的部分，也就是后半句所述"辅以各种媒体进行表现"这种行为的结果。而完成设计所需要的行为就是"为解决具体问题将思考概念进行组合"。

有人说"设计就是解决问题"。也就是说，在设计外观之前，需要先设计怎样解决用户的问题。

也有人将外观的造型行为称为"狭义的设计"，而将包括设计在内的行为称为"广义的设计" 图3-3。

图3-3 狭义的设计和广义的设计

什么是UX设计？

开头部分遗留了一个疑问：什么是UX（用户体验）设计。这指的是"广义的设计"。也就是说，UX设计是指"发现用户问题的本质，以解决用户的问题为设计的目的，按照设计制作外观，引导用户问题的解决"这一系列的行为。

这里以菜谱网站为例。我们可以将制作一个菜谱网站的行为视作"狭义的设计"。那么UX设计所指的

"广义的设计"就是从明确用户的问题开始的 图3-4。假如采访厨师的时候了解到，厨师面临着"考虑菜谱非常麻烦""购买的食材有剩余"等问题❶。而为解决以上问题想到的方案就是让专业厨师提出一份不会使食材剩余浪费的多日菜谱方案❷。然后制作网站❸，请用户使用，解决他们的问题❹。这一系列的解决问题的行为就叫作"UX设计"。

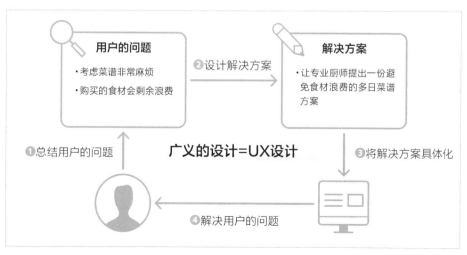

图3-4 广义的设计（以菜谱网站为例）

02　什么是UI设计

> 要
>
> 点
>
> 提起UI设计，可能很多人会认为UI设计仅仅是设计APP或网站的外观。
> 这种理解没有错，但其实外观背后的功能设计也包含在UI设计之内。
> UI设计师除了设计外观，还需要使网站各种操作的使用感很舒服。

什么是UI？

UI是"User Interface"的简称。"Interface"指的是用户界面，以及用户发出操作指令，并将执行操作的结果显示给用户的整个机制。也就是说，用户认知、操作的部分都可以称为"UI"。

平常网页设计师所认为的UI多指APP或网站的画面。但UI除了软件，还会应用到硬件当中。例如，电视的遥控器或者门把手也都可以称为UI。只要符合用户"输入"内容，然后"输出"结果的关系，就是UI。 图3-5 示例的关系就是"转动门把手（输入），门打开（输出）"，"按下遥控器上的频道按钮（输入），频道转换（输出）"。

软件中所说的UI也分为多个种类。对于网页设计师来说，UI主要指GUI（Graphical User Interface），除此之外其实还有通过文字操作的CUI（Character User Interface）、通过声音操作的VUI（Voice User Interface） 图3-6 。

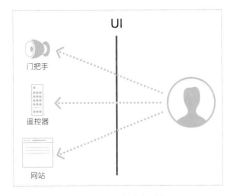

图3-5　用户认知和操作的部分都叫作"UI"

图3-6　软件的UI不仅包括GUI

什么是UI设计？

UI设计除了外观，还包括其背后"功能设计"的部分。具体来说，包括网站的网站地图设计、导航设计、交互设计等 图3-7 。进行以上设计时需要考虑怎样才能方便用户的操作。

例如苹果公司的网站会根据产品、服务等分类进行分页（网站地图设计），在页面最上方显示导航，使用户可以随时转移位置（导航设计） 图3-8 。

在产品购买页，当用户选择产品的款式和颜色时，商品照片就会更换为用户选择的商品（交互设计）图3-9。

因此，UI设计不仅仅是视觉表现的好坏，重要的是将什么元素按照怎样的顺序，怎样表现，才能防止用户产生困惑。

网站地图设计　　导航设计　　交互设计

图3-7　UI设计中包括的内容

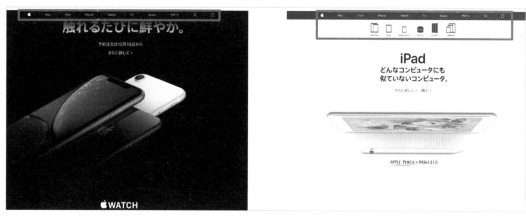

图3-8　苹果公司网站中的UI设计（首页）

按照产品、服务的分类进行分页，在页面最上方显示导航，使用户可以随时转移位置（导航设计、网站地图设计）

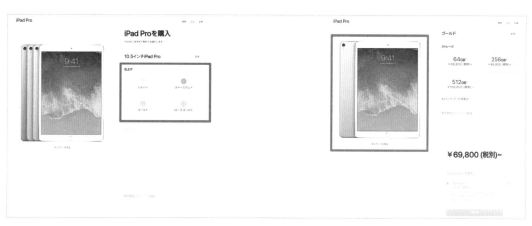

图3-9　苹果公司网站中的UI设计（产品购买页）

在产品购买页，当用户选择产品的款式和颜色时，商品照片就会更换为用户选择的商品（交互设计）

UI设计师和网页设计师的区别

在网页制作中，网页设计师通常兼任UI设计师，负责UI设计。但是一般写明UI设计师的职位时，就需要做到能够进行功能设计，保证用户的使用性等，以及能够解释"为什么应该这样"。

无论网站或服务的外观多么好，如果使用感不好，就不会有用户使用。并且，如果出现使用感更好的同类型竞争性服务，就会瞬间流失用户。所以能够提升使用感的网页设计师的需求将会日益增长。

03

UI设计与UX设计的关系

要　就像大家见到的UI/UX设计，UI设计和UX设计经常被同时提起。

那么，UX设计和UI设计一样吗？

点　如果不一样，两者之间又是什么关系呢？

UI设计与UX设计

从网页设计的角度来看，UI设计主要进行网站设计，而UX设计的设计对象则是用户访问网站时的体验。UI设计的对象只是网站，而UX设计的对象还包括网站访问前和访问后的部分。也就是说，UI设计是包含在UX设计中的一部分。

以电商网站为例，UI设计的范围从网站的结构设计开始，负责设计每个页面的UI。例如方便用户寻找所需商品的UI、方便用户对商品进行比较的UI、方便

用户购买商品的UI等。而UX设计的范围则不同，首先需要明确用户的问题和需求，思考符合用户需求的电商网站的理念。同时还需要考虑到电商网站访问前和访问后，访问前包括电商网站的宣传及官方社交媒体的运用，访问后则包括购买产品后与用户的沟通及定制服务等。因为涉及范围十分广泛，所以实际的设计多由市场负责人或定制服务的专家负责。UX设计师至少应该对用户体验有一个整体的理解 图3-10 。

图3-10　从电商网站整体出发的UI设计与UX设计的范围

UX设计意识的重要性

近年来，进行UI设计的时候一定会强调UX意识的重要性。那么，为什么UX设计开始受到重视呢？下面介绍一下其背景。

用户价值观从"物"到"事"的转变

P070介绍了星巴克咖啡的案例。最近越来越多的人比起物质价值更加注重体验价值。那么为什么人们不再注重物质价值了呢？

这是因为当今时代物质（商品）已经趋于饱和状态，仅靠物质已经很难实现差异化。现在用户不再单凭产品本身做选择了，也会考虑到通过产品能够获得的体验。也就是说在当今时代，如果不能提供将体验设计在内的产品，就无法获得用户的青睐。所以我们需要UX设计。

手机的普及

手机的普及也是UX设计受到重视的重要因素之一。以前人们会在电脑上收集信息或购物，但是有了手机之后就可以随时随地完成这些事情。另外，在当今时代，个人可以通过SNS便捷地发布信息，所以可以获得许多与自己站在同一视角的信息，例如其他人对于心仪商品发布的信息或感想等。

例如，购买商品的时候时常会发生 **图3-11** 一样复杂的用户体验。

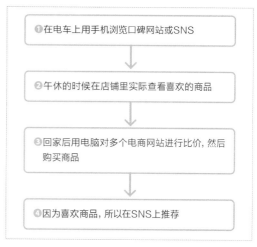

① 在电车上用手机浏览口碑网站或SNS

② 午休的时候在店铺里实际查看喜欢的商品

③ 回家后用电脑对多个电商网站进行比价，然后购买商品

④ 因为喜欢商品，所以在SNS上推荐

图3-11 手机时代复杂的用户体验

如此一来，随着商品在越来越多的场合被展示和讨论，企业便更加需要提供优质的商品和服务，并加大宣传力度。所以当今时代需要UX设计，在生产商品时就需要掌握用户的情况，并考虑到整体的体验。

例如，对于电商网站的UI设计师来说重要的是商品检索的筛选功能是否方便、价格显示是否清晰易懂、照片展示是否能让用户感受到与实体店铺一样的商品形象、是否方便分享到SNS、购买商品后的咨询服务是否方便等。当然，商品的外观符合目标用户的喜好也是非常重要的。

忽视UX时UI设计面临的陷阱

如果在UI设计的过程中考虑到UX，那么除了网站的使用体验，还可以提升网站使用之外的体验。例如刚才的例子，如果只考虑网站本身，就容易忽视SNS分享的UI或购买商品后进行咨询的UI等 **图3-12** 。另外，如果没有理解用户的价值观，网站的外观就很难为用户所接受。

为了避免类似情况，网站的UI设计师在设计工作中必须考虑到UX的因素。

SNS分享　　　　咨询

图3-12 如果缺乏UX意识就容易忽视的因素

04

网站设计需要的UX知识

要 要在网页设计中保持UX意识具体需要做什么呢？

在网页设计中保持UX意识指的是理解怎样的用户在何种场景下使用网站，

点 并使设计符合用户的使用场景。

用户画像

基于UX进行网页设计的时候，非常重要的一点是了解使用网站的用户是什么样的人群。UX设计中探讨用户形象的时候会使用"用户画像"的手法。

用户画像指的是通过具体要素描绘出使用网站的代表性用户的形象。用户画像需要具备的要素一般包括基本属性（姓名、年龄、性别、职业、家庭成员、兴趣），行为模式，问题，目标（人生目标）等。制作用户画像的要点是对人物特征进行具体描写，使每个人看到用户画像就能够想到相同的人物形象 图3-13 。

进行UX设计的时候，用户画像是最重要的思考方式，所以一定要制作用户画像。

将用户画像用于网页设计

根据制作的用户画像，可以判断"如果是这样的

用户，展示这样的信息是很重要的，那么第一屏需要设计得非常醒目"，或者反过来"这样的用户可能不需要这个功能，那么把这个功能删掉吧"。

例如设计酒店预约网站的时候，如果得到的用户画像多是商务场景下使用酒店，大多是到达当地之后慌忙地找酒店，那么设计的时候就需要将从当前位置找酒店的动线设计得非常醒目。如果是带孩子旅行，且会提前制订计划的家庭用户画像，那么按照小孩是否能够入住进行搜索的动线就需要设计得非常醒目。外观设计中也需要考虑到用户画像，例如前者的用户画像或许比较重视页面的简洁清晰，后者的用户画像或许页面设计得比较丰富，有一种大家庭在一起热热闹闹的氛围则更好。综上所述，网页设计过程中，目标用户不同，设计的方向性也会随之改变。

图3-13　用户画像示例

客户旅程地图

了解了使用网站的用户画像之后，接下来就需要考虑用户会采取什么样的行动。探讨用户在网站内外采取的行动时，UX设计通常会使用"客户旅程地图"的方法。

客户旅程地图就是将用户体验流程可视化的地图。除了网站使用过程中的体验，将使用前和使用后的体验也一并体现在地图中，就能够对用户体验形成整体的把握。

客户旅程地图所需要的要素一般包括行动阶段、行动内容、思考、问题、需求等。

将客户旅程地图用于网页设计

设计师需要确认网站使用过程中的用户体验，同时还需要考虑怎样设计页面跳转才可以使用户直接完成访问网站的目的。以上述酒店预约网站为例，若主要的客户旅程地图为按照住宿时间、区域、人数检索的流程，那么首先按照3个条件检索之后，再增加预算筛选，则能够提升用户体验 图3-14 。

另外，若考虑到访问网站前和访问后的体验，也需要进行网页设计。例如，考虑到预约酒店后的体验，可以设计能够登录日历网站的动线，或者设计打印页面，方便用户将酒店详细信息打印成纸质版。

如果在设计网站时能够考虑到整体的用户体验，就能够为用户提供更好的体验。

时间顺序	讨论酒店前	讨论酒店中	决定酒店后
行动	· 与家人商量旅行目的地和日程 · 在公司与有孩子的同事商量旅行事宜 · 请同事推荐旅行网站	· 用手机登录旅行网站 · 根据孩子的年龄和人数决定条件 · 选择3家备选酒店，通过LINE和妻子商量 · 最终选定1家酒店	· 在日历网站上加入日程 · 整理旅行需要的行李 · 提前查酒店旁边的推荐餐厅 · 出发去旅行
想法、感情	· 同事推荐了网站，所以可以稍后再看	· 最好是从东京单程3小时内可以到达的地方 · 酒店最好可以让妻子得到放松	· 希望可以很方便地将日程加入日历软件中 · 希望不要遗忘物品 · 希望在酒店附近吃美味的料理 · 希望去酒店的路上不要堵车
问题	· 对服务的认知度较低	· 搜索条件较少，没有满足用户的需求	· 不能登录日历软件 · 预约后的服务不到位
解决方法	开设官方SNS账号	在搜索条件中加入驾车时间等	登录日历软件，与第三方合作提供旅行目的地的信息和交通信息

图3-14 客户旅程地图示例

05

UX设计的多种方式

要　上一节中介绍了用户画像和客户旅程地图。

除此之外还有几个UX设计中经常使用的方法。

点　接下来介绍一下主要的方法。

用户访谈

　　用户访谈是为制作用户画像或客户旅程地图收集必要信息的方法。直接采访网站的目标用户，从中获得灵感，掌握用户面临的问题及通过怎样的价值观判断事物。

　　进行访谈之前，需要首先招募用户。例如菜谱网站，就需要招募实际做菜的用户。有采访者和用户一对一进行的"深度访谈"、采访者和多个用户进行的"小组访谈"两种形式。需要按照不同的目的选择合适的方法 图3-15 。

　　首先需要制作调查问卷和问题清单 图3-16 。如果

是菜谱服务，那么问题清单中大概会包含以下问题。

- 您过去一周的菜单是什么？
- 您是如何决定菜单的？
- 请您简述去超市购物的频率及具体购买什么物品。
- 您是如何避免食材剩余的？

　　可以从以上问题的答案中找到用户的问题和价值观。通过访谈结果制作用户画像和客户旅程地图。

	深度访谈	小组访谈
内容	按照特定的主题1对1地询问意见的方法	使访谈对象（5~7人）围绕特定主题交流的方法。主持人起到把控流程的作用
适用场景	· 希望深入挖掘行为背景或深层心理的时候 · 希望采访敏感话题的时候	· 希望通过小组讨论产生新的灵感的时候 · 希望了解人们对于新产品或试制品的理解、反应或其原因的时候

图3-15　深度访谈和小组访谈

实施时间		16:00 — 17:00	
姓名		●●女士/先生	
开始	1min	您好，感谢您今天在百忙之中抽空前来。我姓北村。我是今天访谈的主持人。今天主要是想采访您一下平时是怎样决定菜谱然后做菜的。	
破冰	1min	好，那我们就开始今天的访谈。首先想问一下您做饭已经有多久了？	
问题	1	10min	请问您上一周的菜单是什么？
	2	10min	您是怎样决定菜谱的？
	3	10min	麻烦您介绍一下去超市购物的频率及具体会购买什么商品。
	4	10min	您有没有什么不让食材剩余的窍门？
结束	1min	今天的访谈到这里就结束了。谢谢您耐心地回答了我们这么多问题。	

图3-16 调查问卷示例

原型开发

所谓原型开发，指的是在制作成品之前先制作原型（试制品），在验证假说的过程中改善功能。

在没有进行原型开发的传统网站制作流程当中，项目经理会先用PPT等工具制作说明书和页面跳转图，再由网页设计师据此制作出详细的版面设计图，之后由工程师进行编码 图3-17 。这种流程的缺点是"制作文件浪费时间""作业相互独立、很难沟通想法""返工的话会产生较大的修改成本"。

图3-17 传统的网站制作流程

加入原型开发后的网站制作流程

原型开发可以有效解决上述流程中的缺点。首先，项目经理用手写等方式制作线框图，并使用原型工具制作出具有页面跳转效果的原型图。网页设计师根据原型图，决定设计的方向或探讨出使用感良好的UI，并由工程师判断技术上实现的可能性。

之后，网页设计师继续提升原型图的完成度，并

提供给项目组成员或实际的用户进行体验，以便完成最终的项目版面设计图。进入编码阶段之后，在产品正式完成之前，都可以共享原型图，以尽可能完善其功能。因此，尽早完成原型图，并以原型图为中心与成员进行沟通，可以提升沟通效率，减少返工 **图3-18**。另外，也不需要浪费时间制作文件，可以为下面要讲述的可用性测试争取更多的时间。

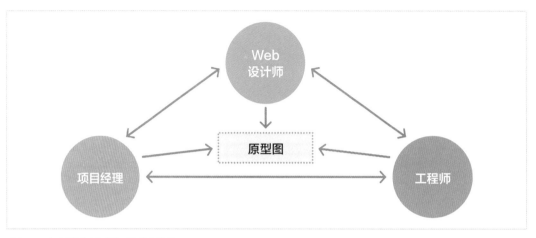

图3-18　加入原型开发后的网站制作流程

可用性测试

可用性测试指的是请用户使用上线前的原型图或已经上线的网站，验证使用感的方法。

进行可用性测试的优点主要有两个。第一个是可以发现网站制作方难以发现的、用户角度的问题。因为网站制作方已经看过网站很多次，容易形成定势思维，并且代入用户情感也是非常有限的，而实际请用户使用一下就可以发现一些自己无法发现的问题。

第二个优点是项目组成员或上司的视线都集中在用户身上，进行可用性测试更容易实施改善方案。如果在没有进行可用性测试的情况下提出改善方案，成员或上司可能会提出相反的意见——"我会这样用""没有用户会这样用的"。最终方案会被这些意见打败。但是如果通过可用性测试实际看到用户使用网站时的困惑，就一定会实施改善方案。

可用性测试的实施方法

实施可用性测试的时候，招募到实施使用该项服务的用户或可能使用该项服务的用户是非常重要的。用户的招募可以拜托同事或朋友，也可以委托调研公司。

下面简单介绍一下可用性测试的流程。首先，为用户设置一个使用网站的场景，在用户的脑海中形成印象。

例如，菜谱网站的话可以这样解释：

"跟朋友抱怨每天纠结做什么饭很麻烦的时候，朋友向我推荐了一个菜谱网站，所以我开始尝试用用看。"

然后请用户实际完成几个任务。例如以下几个任务："现在还没有决定这周的菜单。请您讲述一下看到推荐菜时的感受。请您出声探讨并决定想要使用的几个菜谱。"

这里有两个要点。第一个要点是在说明任务的时候不能介绍网站的具体使用方法。如果介绍了使用方法，就无法测试其可用性了。例如引导用户"按一下网站页首部分的注册按钮"，那么就无法判断用户是否会想主动注册，或者用户是否能够发现注册按钮 图3-19 。

图3-19　交代任务的时候不具体介绍网站的使用方法

第二个要点是需要请用户将内心的心理活动出声讲出来。即便浏览网站时采取了同样的行为，但用户的想法也可能是不一样的。同样在盯着商品说明页看的两个用户，可能有人理解了内容，正在了解具体的信息，也可能有人无法理解内容，正在纠结应该看哪里。因为即便两个用户的行为相同，但可能会给出不同的评价，所以请用户将心理活动说出来是非常重要的 图3-20 。

图3-20　即便用户行为相同，但也可能想法不同

06 网站的UX设计案例

要点

虽然都叫作网站的UX，但是UX有许多种类。

所以接下来我们一边看以下的案例，一边思考进行UX设计时合适的角度。

不仅提供产品，更加注重体验的网站设计案例

在P083中讲到，在当今时代，如果设计仅仅拘泥于产品，而无法为用户提供体验的话，是无法得到用户青睐的。所以这里首先介绍通过产品提供体验的设计案例。

巴慕达

巴慕达 图3-21 主要生产蒸汽烤箱、电水壶、电饭煲、烤箱微波炉一体机等产品。但企业网站中有一段文字这样说："巴慕达希望通过家电为您提供心动、美好的体验。"

由此可见，这家公司非常重视通过产品为用户提供体验。从网站设计中也不难看出，该网站产品的功能和规格的说明，更加注重向用户传达产品能够带来的体验。使用户不禁会产生期待，使用了巴慕达的产品，是不是能够获得良好的体验，从而激发了用户的购买欲望。

爱彼迎

爱彼迎提供的是"希望将闲置的房间或房子租赁出去的人"和"希望租住房子的人"进行匹配的平台服务 图3-22 。在日本叫作"民宿"，近年来选择民宿的人越来越多。除了可以通过旅行目的地搜索民宿，还可以通过旅行目的地获得的体验搜索并预约。因为旅行者除了关注"住在哪里"，还很关心"可以在旅行目的地获得什么体验"，所以该网站加入了按照体验进行搜索的功能。这是一个提供体验的最好例证。

图3-21　巴慕达（https://www.balmuda.com/jp/）

图3-22　爱彼迎（https://www.airbnb.jp/）

精准地掌握了用户需求的网站设计案例

在P076的开头讲到，UX设计中最重要的一点是"理解什么样的用户在什么场景之下使用网站，并按照用户的使用场景进行UX设计"。所以接下来介绍精准掌握用户需求的网站设计案例。

加贺屋

加贺屋 **图3-23** 是石川县的一家人气旅馆，有访日外国游客选择住在这里，所以网站设置了多种语言。

一般多语种网站的结构是相同的，只需要切换语言。而该网站日语和英语版本的网站结构是完全不一样的设计。

对于访日外国游客来说，"活动""促销信息""按照目的选择套餐"等针对日本人的信息优先级较低，所以在英语版网站中没有显示。而英语网站通过清晰、简约的设计介绍了当下季节能够获得什么体验，周边有哪些旅游景点等外国游客比较关注的信息。另外，在"交通"板块，考虑到外国游客多从大阪、京都、名古屋、东京等城市过来，所以使用了很大的地图说明可以乘坐什么交通工具从以上城市到达该酒店。这个案例当中，设计师精准地把握了用户的需求，不仅翻译了语言，而且还实现了真正意义上的本地化。

MATCHA

MATCHA **图3-24** 是面向访日游客提供日本信息的网络杂志。该网站是多语种网站，可以支持多个语种。

在切换语言的时候可以看到，还有一个"简单日语"的选项**图3-25**。选择这个选项之后会发现，网站内容使用的都是简单的日语单词和语法，并且所有汉字上面都标注了假名，各小节之间还有空格，所以非常便于理解。那么这个设计是为了满足什么样的用户的需求呢？

根据对网站运营者的采访得知，其实日语学习者能够使用的日语教材非常有限，很多教材都无法反映现代的日本。所以选择这样的设计是为了使用户一边深入地了解日本，一边接触日语。

对于喜欢日本进而希望学习日语的外国人来讲，如果不是通过母语，而是可以通过日语来掌握内容，对日本的了解也会更加深刻，说不定就会更加喜欢日本。这也是一个精准地把握了用户需求的设计案例。

图3-23 加贺屋 日语网站（https://www.kagaya.co.jp/）
加贺屋 英语网站（http://intl.kagaya.jp/）

图3-24 MATCHA（https://matcha-jp.com/jp/）

图3-25 MATCHA-简单日语
（https://matcha-jp.com/easy/）

UX设计的趋势

2018年5月23日，日本经济产业省专利厅发布《〈设计经营〉宣言》报告书。
该报告将使用设计的经营方式叫作"设计经营"，旨在推动"设计经营"的发展。

设计经营宣言的主旨

日本经济产业省专利厅为了整理通过设计增强企业竞争力所面临的问题并探讨应对措施，由著名设计师、设计负责董事、知识产权负责人、经营咨询师、学者组成了"产业竞争力与设计研究会"。从2017年7月开始展开了11次讨论，并总结了讨论内容，形成了《〈设计经营〉宣言》**图3-26**。

报告开头讲道："日本的经营者没有将设计视为一种有效的经营手段，成了在全球竞争环境中的弱者。"这里的设计指的是P079中所讲述的UX设计（广义的设计），具体指的是"发现用户面临问题的本质，并进行能够解决以上问题的功能设计，按照功能设计制作外观，从而解决用户问题的一系列行为"。报告中还提到，这一问题的解决方法是增加对设计的投资，提升设计能力，实现创新，以保持在全球竞争环境中的优势。也就是如果能够营造一个让设计师施展拳脚的环境，就会有更多的日本企业能够在世界舞台上大放异彩。

什么是设计经营

标题中的"设计经营"指的是将设计作为提升企业价值的重要经营资源的一种经营方式。实现设计经营的前提条件是经营团队中有设计负责人，并且设计负责人能够从构建事业战略的最开始便参与进来 **图3-27**。

设计负责人"需要能够判断产品、服务、业务是否站在了顾客的立场上，或者判断是否有利于建立品牌形象，并能够提出改善业务流程的具体措施"，在重视设计经营的企业中会以CDO（Chief Design Officer）、CCO（Chief Creative Officer）等身份参与企业经营。

如果以上这种思维方式增加，那么就有希望实现一个可以让设计师施展拳脚的环境。但是现状的确是对于设计的理解还不够深入。现在设计师也需要自己向外界展示自身的重要性。

「デザイン経営」宣言

経済産業省・特許庁
産業競争力とデザインを考える研究会
2018年5月23日

图3-26 "设计经营"宣言

http://www.meti.go.jp/press/2018/05/20180523002/20180523003.html

图3-27 "设计经营"的定义

《〈设计经营〉宣言》P6

第 4 章

UI、图形设计

在网页中，UI和图形是很大程度上决定网页印象的重要元素。

首先确定一个概念，然后进行具有统一感的设计，就能够在浏览网页的用户心中形成一个统一的印象，使用户能够放心浏览。

第四章将为大家介绍UI、图形设计中各部分的作用及设计中的注意事项。

01 页首设计

要

点

页首指的是网页上方的部分，聚集着标题、LOGO、主要导航栏等许多重要信息，是网站的主要元素之一。

页首有时还会展示网站内都有哪些内容，起到目录的作用。

页首的构成要素

浏览网页的时候，用户的视线大多会从左上角向右下角移动。也就是说，网站上方的页首部分是用户最先看到的要素。

所以需要使用户通过页首大概了解网站的主要内容。

如果页首位置堆积的信息过多，用户就会难以判断什么是重要的元素，所以需要对经常浏览的内容及必须传达的信息等排列优先级。一般页首会包括 **图4-1** 所示的要素。

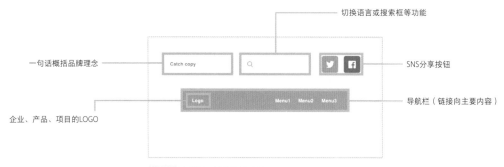

图4-1　页首包含要素的示例

固定页首

网页是按照一定的格式将信息纵向排列，所以每一页的信息量容易过长。浏览完一页要跳转至其他页面的时候，有时会设计为固定页首，使页首一直展示在页面上方，这样一来用户就不用再返回页面最上方单击跳转。这种设计叫作"固定页首"。

固定页首的好处是无论在页面的什么位置都可以直接到达导航栏，但是内容区域通常到页首部分就会

被遮盖住，因此如果固定页首的面积过大，就会影响阅读效果。所以通常在显示第一屏的时候会"将企业名称、品牌LOGO、品牌理念等信息设计得很大、很醒目，从而提高认知度"，而向下滑动页面后则缩小显示面积，去掉标签文字，只显示图标，并且显示得更加紧凑，以此来提升可用性 **图4-2**。

图4-2　VOGUE日本（https://www.vogue.co.jp/）

第一屏的状态

向下滑动后的状态。

向下滑动的时候页首会显示得更加紧凑，所以不会影响内容的阅读体验

屏幕大小导致的页首（菜单）变化

将信息横向排列的页首设计在屏幕较窄的平板或手机上就会较难使用。因此目前主流的设计方式是在屏幕宽度比较大的时候将菜单栏全部显示，比较窄的时候采用单击图标打开菜单的形式。下面介绍几个代表性的设计示例。

下拉式菜单

下拉式菜单指的是单击菜单图标后向下展示的菜单。优点是不受种类数目的限制，如果想要在背景设置特定的图片，展现价值观，可以将菜单全屏展示 **图4-3**。

图4-3　下拉式菜单

单击菜单按钮分类项目向下展示

滚动式菜单栏

滚动式菜单栏是单击后弹出并显示在屏幕一侧的菜单栏。和下拉式菜单一样不受项目数量的限制，但因为滚动式菜单栏占据了屏幕纵向的所有区域，所以适用于要素较多的情况。在屏幕宽度比较大的平板上可以使菜单栏保持打开的状态，也不会影响内容的浏览 **图4-4**。

图4-4　滚动式菜单栏

单击按钮之后内容向侧边弹出显示

菜单条

菜单条指的是APP中常见的，将图标和标签横向展示的菜单。项目数量较少的情况下，或者常用项目比较固定的情况下，可以在显示内容的时候一直展示在上方，这是菜单条的一大优点 **图4-5**。

图4-5　菜单条

维持菜单栏所有项目显示的状态适合项目数量较少的情况

02 页尾设计

> 页尾是网页最下面的区域。
> 因为页尾是在用户浏览完页面之后，最后进入用户视线的部分，
> 所以页尾常用于展示著作权、使用协议等优先级较低的信息，
> 或用作展示简易的网站地图或相关信息的链接。

要点

页尾的作用

展示在网页最下方的页尾原本用作展示著作权等，告知用户"网站的经营者"。最近还加入了展示特定信息时必须具备的"隐私保护指引""服务协议"等链接，以上内容的组合就是页尾的常见组成元素。

考虑页尾的构成要素的时候，需要有意识地考虑浏览完网站内的全部内容后，"用户最后会采取什么行为"。

图4-6　跳转至其他页面

丰田汽车官网（https://toyota.jp/）

跳转至其他页面

与全局导航不同，页尾一般也会展示相同信息，用作导航栏 图4-6 。如果全局导航不是保持一致显示，那么设置一个返回上部的按钮，或主要页面的导航，就可能成为用户进入其他页面的机会。

取得联系

如果是企业网站，那么在页尾部分加入申请资料或咨询按钮，就可以使对售后业务内容或案例产生兴趣的访问者顺利地被诱导至下一个行为。还有的网站会准备一个简易信息表，使用户可以立即进行咨询 图4-7 。

图4-7　取得联系

Designit|战略设计公司（http://www.designit-tokyo.com/）

获得相关信息

用户浏览完网页后很有可能对页面内容相关的信息链接感兴趣，或者如果网页内有横幅广告，用户很可能对相关广告、相关页面或网站产生兴趣。所以页尾也可以成为链接网站与推特、脸书（Facebook）等其他媒体的枢纽 图4-8 。

图4-8　获得相关信息

Milieu（http://milieu.ink/）

用作网站地图的页尾

　　一般中等规模、大规模的网站会准备一个涵盖网站内所有内容的地图。网站地图可以使用户从众多的信息中轻松地获得所需的内容，最近将Fat Footer（比一般显示面积更大的页尾）用作简易页尾的设计案例也较为常见 **图4-9** 。

　　由于占据第一屏的页首能够显示的信息十分有限，所以一般页首只展示最重要的要素，剩下的在页尾部分用文字链接的形式展示。为了方便用户查找所需信息，需要按照"内容链接""SNS分享链接"等信息的种类或页面层级进行分组，并准备好合适的标签。

图4-9　用作网站地图的页尾

任天堂电脑端网站首页（https://www.nintendou.co.jp/）

任天堂网站首页"I"手机端网站

展现内容的价值观

　　页尾一般是用户最后才会看到的部分，所以意料之外的信息更容易给用户留下深刻的印象。并且用户在浏览完页面之后才会看到这个部分，所以可以很方便地增添设计的趣味性或设置留白，也可以通过符合内容的图形或插图来展现网站的价值观。

　　为了明确与内容展示区域之间的差异，页尾设计中常使用与内容展示区域不同的背景色，例如"名古屋造型大学毕业作品展 **图4-10** "或"河合涂装**图4-11**"的网站按照整体的价值观在设计中体现了内容区域与页尾部分的差异，使得页尾部分将网站的个性充分地留在了用户的脑海中。

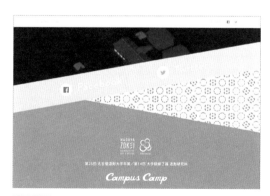

图4-10　名古屋造型大学毕业作品展

校园夏令营｜名古屋造型大学毕业作品展｜大学毕业作品展（http://www.nzu.ac.jp/gex/2018/）

图4-11　河合涂装

河合涂装（https://kawaaitosou.jp/）

03　按钮设计

要点

按钮是用户在网站内为实现"特定目的"能动性地单击或按下的部分。

为了使用户顺畅地实现跳转至其他页面、申请资料或购买等目的，

按钮设计的基本是要与其他要素实现差异化，以便于识别。

"像按钮" 的设计

在文字上设置链接的时候，一般需要将文字的颜色与其他部分进行区分，明确告诉用户这里是一个链接。另外还需要为文字添加长方形或圆形框，或添加图标等，能够使用户瞬间判断这"像一个按钮"，与其他要素明显不同 **图4-12**。并且根据按钮的大小、颜色、边距、四角有没有圆弧等方面的差异，点击率也会有所不同。

如果页面内混杂着多重风格，用户就会很难判断哪个要素是按钮，也会影响可用性。所以网站内的按钮设计需要具备统一性。

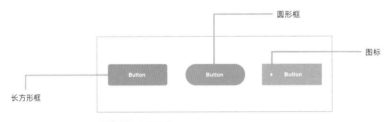

图4-12　按钮设计

按钮与交互

设计按钮的时候不仅需要设计常规的按钮，还需要考虑鼠标悬停（Hover）效果等状态变化的设计。Hover指的是光标靠近要素时的状态。在Hover状态下改变按钮风格，可以使用户意识到"这里是可以单击的"。

例如，像 **图4-13** 一样改变色调或改变按钮形状的设计是比较常见的。

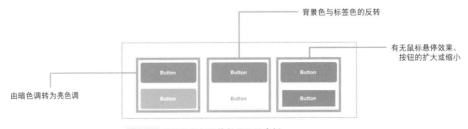

图4-13　按钮的鼠标悬停效果设计案例

按钮的不同风格

按钮是页面内用户会反复使用的要素，因此按钮的风格不仅影响可用性，还会影响页面设计整体的印象或调性。并且按钮的设计会容易受到设计趋势的影响，所以下面介绍一下最近具有代表性的按钮风格。

图4-14　立体按钮设计案例

扁平化按钮

Windows 8和苹果的iOS系统从原来的拟物化设计（使界面具有实物质感的设计风格）转变成了扁平化设计（平面设计），这一影响也清晰地反映在了网

图4-15　扁平化按钮的设计案例

虚拟按钮

虚拟按钮原本是扁平化设计中衍生出来的一种设计风格，指的是标签的背景是透明或半透明的，外侧有框线的设计。其优点是将虚拟按钮用在主页横幅

图4-16　虚拟按钮设计案例

立体按钮

在此之前就有很多案例都使用了立体按钮。立体按钮采用阴影、高光等，使按钮具有凸起的效果，用视觉表现告诉用户这是一个可以单击的要素。此外还经常会用渐变呈现色调的变化，以使按钮具有立体感 **图4-14** 。

马里奥赛车8豪华版 （https://www.nintendo.co.jp/switch/aabpa/ ）

页设计中的按钮上。扁平化设计中除去了"像按钮"的表现方式或装饰，所以颜色和形状的设计就变得尤为重要 **图4-15** 。

InVision Studio （https://www.invisionapp.com/studio ）

（P110）等图片上面也不会影响视觉印象。另外，将虚拟按钮和普通的涂色按钮区分使用，会使普通的按钮看起来更加醒目，可以在按钮之间显示出优先级 **图4-16** 。

Ramotion （https://www.ramotion.com/ ）

04 导航栏设计

要

点

导航栏指的是对多个页面构成的网站的结构进行整理和分类，
便于用户直接访问所需页面的部件。
目前有全局导航、局部导航、面包屑导航等满足不同目的的多种导航设计方式。

导航的功能

如果网站的规模比较大，就会有庞大的页面数量，页面层级也会加深。为了避免用户迷失在页面之间，并了解现在浏览的页面在网站整体中处于什么位置，导航是不可或缺的。用户还可以通过导航一目了然地了解到网站中还有哪些页面。

尤其是全局导航在引导用户进入主要页面中发挥了重要作用，所以全局导航最好像页首一样，无论进入哪个页面，都固定显示在同样的位置 **图4-17** 。

页面跳转后仍然显示在同样的位置

图4-17　全局导航（显示在特定位置）

iPhone-苹果（ https://www.apple.com/jp/iphone/ ）

网站结构与导航

一般来说，全局导航可以从一级页面（首页）跳转至其直接相连的二级页面，而局部导航只能跳转至同一层级的页面 **图4-18** 。

全局导航的常见布局有纵向和横向两种。一般为了清晰地向用户传达全局导航所选类别内的信息，会将这一部分信息显示在全局导航的附近区域，以显示其之间的相关性。无论是哪一种导航，都应该通过设计上的差异化，使用户能够辨别当前浏览的页面，并通过视觉效果标记当前位置。

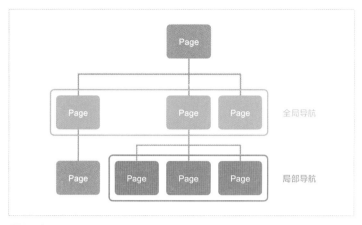

图4-18 全局导航与局部导航

巨型下拉菜单

　　放置鼠标的时候会向下展开的菜单叫作"下拉式菜单"。平常的时候菜单是收起的状态，不会显示，只在需要的时候显示内容一览，非常方便。在网页设计或APP设计中很早就已经开始使用。

　　对下拉菜单使用大面积背景面板，通过分栏或图标等方式对信息进行分组的设计叫作"巨型下拉菜单"或"巨型菜单"。主要特点是菜单项目繁多的时候，也可以使用最合适的布局进行分组，对信息一览无余。

　　巨型下拉菜单多与全局导航搭配使用，亚马逊网站使用的就是从一级分类可以进入二级分类的结构，同时也会用于向用户强调主要商品 **图4-19**。

面包屑导航

　　打开一个网页的时候，向用户显示在网站内所处的位置及到达这一页面的路径的导航叫作"面包屑导航"。

　　面包屑导航多设置于页首或标题的附近，尤其是购物网站的商品详情页面，这种页面所处的层级比较深，使用面包屑导航可以帮助用户了解该商品处于哪一个分类中，使用户可以快速地到达分类的上一级。

　　面包屑导航的局部一般采用横向书写加上文字链接，考虑到标题的长度，文字容易设置得过小，但是"多宝箱（Dropbox）"的网站将面包屑导航和下拉式菜单组合使用，使整体设计使用起来非常方便 **图4-20**。

图4-19 亚马逊（https://www.amazon.co.jp/）

单击按钮向下方展开

图4-20 多宝箱（Dropbox）（https://www.dropbox.com/）

Dropbox的面包屑导航展示了文件夹的结构

05 选项卡、折叠菜单等UI设计

要

点

网页中内容的显示区域是有限的，且不同设备的屏幕尺寸也是不一样的。
所以下面介绍几个通过切换选项卡、折叠菜单的展开和闭合等方式，
将内容收纳在有限空间内的界面设计案例。

阶段式地展示信息

有的情况下需要在有限的区域内按照优先级展示信息，不是最开始就展示所有的信息，而是通过单击或滑动等动作阶段式地展示信息。例如许多博客网站的首页不会显示全文内容，而是通过单击"继续阅读"的按钮展示全文内容。这样一来，既可以保证页面一览性，又可以让用户获得自己需要的信息。

一览页、详情页等都为页面赋予了特定的功能，通过页面的跳转实现信息的分批展示，但也有很多方法可以在同一个页面内对信息进行分批展示 **图4-21** 。

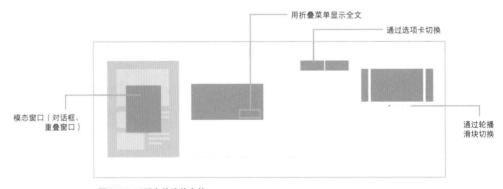

图4-21 网页内传达信息的UI

Tab选项卡、折叠菜单等的种类

Tab选项卡、折叠菜单等UI设计中存在多种分类。下面介绍几个代表性的案例。

Tab选项卡和状态开关按钮

在同一个区域内切换展示信息的常见界面设计是Tab选项卡或状态开关按钮。一般来说单击动作的难度比滑动的难度大，所以用户一般不喜欢通过Tab选项卡或状态开关按钮来切换自己所需要的信息。

但是例如由"艺术""音乐""活动"等多个分类构成的媒体网站的一览页，一般对"艺术"感兴趣的用户不一定对"音乐"也感兴趣。所以这两种方式主要用于访问同一网页的用户拥有不同访问目的的场合 **图4-22** 。

图4-22　CINRA.NET（https://www.cinra.net/）

使用Tab选项卡对信息进行分类

模态窗口

在显示主要内容的前提下，将子窗口覆盖在上面的显示方式叫作"模态窗口"（对话框、叠加窗口）**图4-23**。

模态窗口主要用于希望要求用户在主窗口上进行特定的选择或输入特定信息的情况。弹出模态窗口的时候，如果用户没有按提示完成操作或关闭窗口，是无法操作主窗口的。所以这种方式的适用场景是即便暂时打断用户的访问也要传递重要的信息（例如用户试图关闭一个无法关闭的部分时），或在主流程之外希望补充信息的场景，例如商品的放大图等。为了向用户表示这是一个特殊状态，一般会将主窗口调暗，或显示模态窗口的时候加入适当的转场效果（印象等切换场景时的动画）。

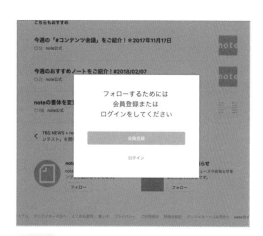

图4-23　模态窗口示例

Note（https://note.mu/）

折叠菜单

谷歌（Google）的图像搜索页面中，单击搜索结果中的图片，就会显示图片的大小、图片来源的详细信息、相关图片等**图4-24**。这种在同一个页面内追击区域、显示详细信息或补充信息的方法叫作"折叠菜单"。和模态窗口不同的是，折叠菜单显示的时候主要内容也可以操作。存在多个子菜单的导航只显示标题和母菜单，其余内容多用折叠菜单显示。

尤其是手机显示面积比较小，当显示的内容量与电脑端网站相同时，手机上常需要滑动很久才可以找到所需要的信息。这个时候就可以灵活运用折叠菜单来提升可用性，其优点是可以保持显示区域。

图4-24　折叠菜单显示案例

谷歌图像搜索（https://www.google.co.jp/）

06　表单设计

要点

会员注册表单、购买表单等各种表单是促进对内容感兴趣的用户做出转化行为的重要页面。
如果表单设计不会对用户带来压力，就能够提升转化率。

表单的构成要素

我们在日常生活中会使用多种表单，线上购物的表单、使用新服务的会员注册表单，等等。一定有许多人有过这样的经历：因为表单项目过多，或因为原因不明的错误无法注册而放弃填表。用户希望的是能迅速完成表单填写，所以表单设计应该支持用户实现这一目标。

表单的构成要素大致分为"输入区域（文字区域、单选按钮、复选框）""标签""动作按钮"三类，除此之外，输入帮助和验证控件（后文讲述）功能也可以用于提升表单的使用感 **图4-25** 。

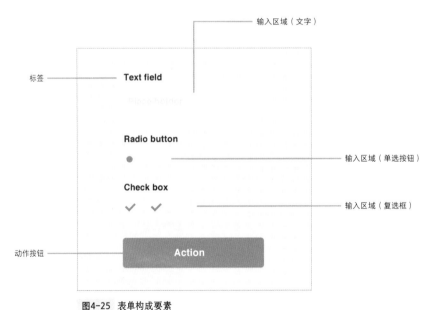

图4-25　表单构成要素

搜索框提示文字

表单中有一个辅助功能叫作"搜索框提示文字（placeholder）"，指的是文字区域中提前显示的文字填写示例。例如，对于E-mail标签，会在输入区域内用灰色文字显示sample@mail.com等填写示例。使用提示文字比单独使用标签更能使用户理解应该输入什么文字，并且可以节省显示空间。

但是用户开始输入的时候提示文字就会消失，所以如果没有特殊理由，项目标签及提示语不应该包括在提示文字内 **图4-26**。

图4-26 搜索框提示文字

搜索框提示文字为输入示例。但项目标签和提示语不应该包括在搜索框提示文字之内

反馈设计

即便明确标示了注意事项和输入示例，用户还是会产生输入错误。例如，漏掉邮箱中的"@"、输入全角文字等。如果输入内容不符合要求，在发送之前进行提示的功能叫作"验证控件"（实时警报）。通常会在输入区域的下方显示提示内容，或将输入区域变成红色等，使用不同于正常情况的设计提示用户发生错误。

例如谷歌的材料设计语言（Material Design）根据文字区域的状态定义了不同的设计"空（Idle &empty）""焦点（Focus）""错误（Error）""禁用（Disabled）" **图4-27**。

总结来说，需要通过设计对用户的行为做出适当的视觉反馈。

图4-27 Material Design
（https://material.io/design/）

设计反馈时需要使用户通过视觉理解问题是什么（从Material Design的页面节选的项目）

多步骤表单

表单数量较多的时候，可以按照"基本信息""支付信息""配送信息"等对信息进行分组，将表单分为多个页面，这种方法叫作"多步骤表单"。减少每一页的表单数量，可以减少用户填表的负担。

使用多步骤表单的时候，可以设置步骤导航，告诉用户目前表单输入进行到了哪一步，还有几步。多步骤表单多用于APP设计，"夏日口袋（Summary Pocket）"中使用了多个角色，将输入提示和反馈显示得非常清晰，这个独特的表单设计使不习惯的用户也可以安心填写表格 **图4-28**。

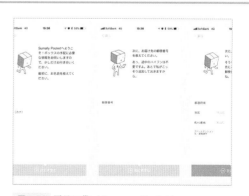

图4-28 夏日口袋（Summary Pocket）
（https://pocket.sumally.com/）

使用卡通人物的步骤导航

07

图片的色调和校正

要点

在传递商品或服务的信息的时候，图片可以将语言无法表达的魅力瞬间传达给用户。

尤其是现在屏幕画质普遍非常高，所以细小的差异都会清晰地显现出来。

可以通过校正使图片达到理想的效果。

图片色调导致的印象差异

在P055也提到，色调是明度和饱和度的组合。例如"薄""浅""明亮"等，色调的差异会使相关联的形象也发生很大的变化。另外，即使主题不同，使用统一的色调也能够形成和谐的印象。

不同的拍摄物体或希望传达的印象所适用的色调是不同的。例如食物的照片，如果使用饱和度较高的红色、黄色等暖色系，就会看起来非常美味，从而刺激用户的购买欲望 **图4-29** 。虽然聘请摄影师拍摄照片，事先沟通好风格就能拍出理想的照片，但自己拍摄简单的缩略图，也可以通过摄影后的色调校正得到接近理想效果的照片。

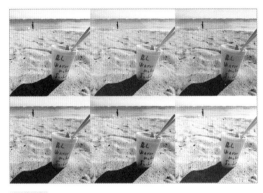

图4-29 色调导致的印象变化

从修图软件里的滤光器功能可以看到，色调不同会导致拍摄对象物体的形象发生很大的变化

修图

使用图片的时候必不可少的步骤就是修图。修图指的就是使用Photoshop等图像加工软件校正图片的色调、除去污点或多余元素的过程。通过修图可以得到更加接近理想印象的图片，强调特定的意象，使用户能够关注到作者希望传达的信息。拍摄风景照的时候，要在摄影阶段就把所有多余的元素（行人、电线及不能出现的企业LOGO等）去除是非常困难的。这个时候可以使用涂抹指定图像的"仿制图章工具"或者去除污点和垃圾元素并自动与周围图像相融合的"修复画笔工具" **图4-30** 。

图4-30 用修图软件去除照片中的人物

使用Photoshop的功能减少修图产生的违和感

色调曲线

　　图像的色调校正中最常用的功能就是"曲线"。除此之外，还有"亮度/对比度""水平校正"等校正功能，但是因为这些功能全部都涵盖在色调曲线当中，所以了解色调曲线的基本使用方法会十分方便 **图4-31**。

　　色调曲线后面显示的柱形图标示的是构成图片的像素的明度分布。在左下角到右上角的对角线上再增加一个点，把原本的直线调成曲线，就可以使中间色或暗的部分保持原状，使明亮的部分更加明亮。

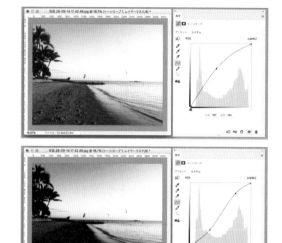

图4-31　使用色调曲线调整亮度和对比度
增加调整点来调整明亮度和对比度

优化图像文件

　　以前在网站上显示图像文件的时候，通常会使用和显示大小相同的像素制作图像，但是近年来随着手机等高清晰度显示屏的出现，设计师习惯使用显示大小2倍像素数的图像文件来实现鲜明的图像表现 **图4-32**。

　　鲜明、美丽的图像可以瞬间吸引用户，但是如果因为文件过大而导致显示效果下降，反而容易给用户带来负担。另一方面，过于注重数据的轻量化，使用画质粗糙的图像，反而会影响品牌形象。考虑到画质和文件大小的兼容，在两者之间找到一个平衡是非常重要的。例如"蒂尼PNG" **图4-33** 之类的网络服务就可以自动压缩，但几乎感受不到图片画质下降的影响，可以按需选用。

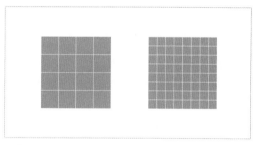

图4-32　传统的显示屏（左）
和设备像素比为2的显示屏（右）
设备像素比为2的情况下，图像的1px在屏幕上使用纵2×横2的4px表现

图4-33　蒂尼 PNG（ https://tinypng.com/ ）
可以通过简单的缩放压缩图像

第4章

UI、图形设计

使用图片的设计②

裁剪

要点

将图片裁剪成特定的形状，控制柔和度或锐度，可以使用户关注设计者希望传达的主题。
将裁剪后的多个素材组合，或者与文字设计组合，可以拓宽表现的范围。

通过裁剪加工照片

在网页中插入图片的时候，将图片裁剪成特定形状的功能叫作"蒙版（mask）" **图4-34**。蒙版功能可以使用黑白图像等遮盖住指定的部分。因为图像本身不会更改，所以可以之后再调整其形状或位置。在许多时候，图片裁剪需要先将标题、文本等其他元素排版布局后，再根据整体是否取得平衡进行调整，这个时候就可以使用蒙版功能。

图4-34 使用Photoshop的蒙版功能裁剪图像
使用圆角图像覆盖原始图片然后裁剪

按照图片中物体的轮廓裁剪

使用商品照片或人物照片的时候，为了使用户关注特定的拍摄对象，经常会沿拍摄对象的轮廓裁剪照片。不是单纯地消除背景，而是像拼图一样与其他照片或图形组合起来，这样能够更加直观地传达品牌理念，塑造更为理想的品牌形象。再为形状加入动态效果，还能表现跃动感或活跃性 **图4-35**。

图4-35 麦当劳官方网站
（http://www.mcdonalds.co.jp/menu/）
裁剪商品照片后放到网页上

各种形状的蒙版

用圆角或圆形裁剪

对于一些使用大量照片展示商品清单的网站等，改变照片的形状会使页面整体的印象发生巨大的变化 图4-36 。即便是同样的一张照片，加入圆角或圆形等曲线元素，就会使照片的整体印象变得更柔和，更具有亲近感。

裁剪为特殊形状

除此之外，还可以使用象征性的形状，加深产品印象 图4-37 。

另外，还可以对蒙版轮廓的纹理进行加工，增添手绘的质感，或使用装饰曲线等，使用符合网站价值观的独特表现方式。

文字裁剪

常用的代表性裁剪方式就是以标题要素中的文字作为蒙版 图4-38 。作为画面中的要素之一，既能够保持简单的形状，又能够用作印象深刻的主视觉。如果用Photoshop，就可以通过"横（竖）排文字蒙版工具"，输入希望制作蒙版的文字就可以了。

渐变蒙版

渐变蒙版可以使重叠的图像或背景之间的分界线更平缓柔和，可以用于将多个图像融合在一起或将图片融入背景色 图4-39 。Photoshop的图层蒙版是显示白色部分，不显示黑色部分，但是如果使用"渐变工具"，就会得到黑色部分逐渐变为透明的效果。

图4-36 星环农园（http://hoshinowa.com/）

使用椭圆形状裁剪图片

图4-37 Atorino逐渐成形的居住空间 | 建筑翻新
株式会社REBITA（https://www.rebita.co.jp/atorino/）

裁剪成家的形状，以此来传达网站的价值观

图4-38 Paper Tiger（https://www.papertiger.com/）

通过文字蒙版的形式强调十年的岁月。

图4-39 渐变蒙版示例

使用Photoshop制作渐变蒙版

09 主页横幅

要　用户访问网站的时候，首先进入用户视线的首页图形会决定网站留给用户的印象，

首页的图像是强调品牌或产品形象的最重要的元素。

点　使用大幅照片的主页横幅对于希望留下强烈视觉印象的品牌网站等来说，是行之有效的一种方式。

主页横幅的特点

主页横幅是覆盖页面整体背景的大幅图片。这些图片或插图具有强烈的视觉冲击力，所以可以发挥吸引用户注意力的作用 **图4-40**。

首页的第一屏能够传达网站的目的，是决定第一印象的重要部分，因为许多用户会通过最初访问网站的几秒钟时间判断是否为自己需要的信息，所以简明、清晰地传达信息是非常重要的。例如商品或服务内容，展示一张使用场景的照片比用文章说明更便于用户理解。这种方式多用于强调产品或品牌形象的网站。

图4-40 再见，银行 | 住信SBI网络银行 十周年特别网站（https://contents.netbk.co.jp/10th/）

图片和标语显示在最前面，能给用户留下深刻的印象

适用于主页横幅布局的图片

如果目的是强调产品，那么最好选用画质高清的商品照片或传达商品使用场景的图片等直接表现商品或品牌的图片。如果在图片上添加过多的导航、LOGO、标语等元素，图片就会比较混乱，进而影响可读性 **图4-41**。

主页横幅是一种主要通过视觉传递信息的方式，所以其他元素应该尽量减少装饰，只保留必要的信息。

图4-41 主页横幅的布局案例

LOGO、导航等元素多放在画面上方。需要这些元素的视觉效果

彩色叠加窗口

使用主页横幅的时候需要注意的是图片上的导航和文字元素需要进行差异化。例如在蓝天的照片上添加蓝色的按钮，虽然这样不会破坏整体的风格，但是用户很难意识到这是按钮。

图片内的颜色数量越多，照片传达的信息量就越多，用户就越难关注到其他元素，能够解决这一问题的就是彩色叠加菜单的运用 **图4-42** 。

彩色叠加菜单就是在照片上叠加色彩。如果界面比较明亮，那么覆盖暗色就可以显著提升可读性。这时使用品牌色也可以进一步加强品牌形象。

图4-42 信息科学艺术大学院大学IAMAS
（https://www.iamas.ac.jp/）

使用彩色叠加菜单在图片上覆盖暗色，可提升画面内的可读性

主页横幅中的用户引导

如果主页横幅成功地完成了品牌形象的树立，那么为了传递更详细的信息，下一步便是引导用户进入内容区域。单页网站（只有一个页面的网站）的第一屏使用了主页横幅的话，经常会搭配使用"向下的箭头""鼠标图标"等促进用户滑动页面的元素。另外，加入导航（楼层导航），运用点或线等向用户显示当前所处的位置，也能够有效地告知用户页面内还有其他内容。

服装品牌"洛特菲拉（Rottefella）"的网站在主页横幅上面叠加了有文字的图片，能自然地促进用户滑动页面。从这个案例中也可以看到，图片的合理搭配和布局能够促进用户的行为 **图4-43** 。

图4-43 洛特菲拉（Rottefella）-户外服饰介绍
（https://klaer.rottefella.no/en/intro）

除了页面右边的楼层导航，在主页横幅上还叠加了有文字的图片，可促进用户滑动页面

10　使用插图的设计

> **要**
> **点**
> 插图可以通过手绘、矢量图、水彩、墨等不同的方法和素材形成多种多样的印象，
> 对于针对特定目标群体的内容是非常有效的。
> 它的一大特点是可以与动画结合，实现网页特有的视觉表现。

网页设计中插图发挥的作用

将插图用作网站的主视觉，可以构建出实际的照片或视频很难表达的世界观。其特点之一是可以使用手绘、矢量图、3D图形等不同方式形成调性，使内容具有故事性。

插图和动画

如果用照片素材制作动画，需要像定格动画一样拍摄多个场景。而插图更容易制作动画，并可以制作相对轻量化又具有动画的网站。

"Dimps株式会社招聘网站"整体使用了具有欢乐和跃动感的手绘插图，并在局部对小幅插图添加了循环动画，使整体网站设计令人印象深刻 **图4-44** 。

将插图用作部件

即便只是在标题或背景的一部分引进插图素材作为部件，整体的印象也会发生巨大的变化。这个时候需要注意插图不要影响文字的可读性，并且不要影响对用户的引导路径 **图4-45** 。另外，在使用插图之前最好先确定网站大致的布局，并在委托之前商量决定需要使用什么样的插图素材。

图4-44　Dimps株式会社招聘网站
　　　（https://recruit.dimps.co.jp/）

通过交通工具和人物角色等细微的动作传递出标语中的"跃动感"

图4-45　爱宕幼儿园 | 新潟县十日町市认定幼儿园
　　　（http://atago-kdg.com/）

将文字和插图组合使用，制成动画。另外，在留白部分使用小的插图，营造出"孩子们快乐学习"的氛围

矢量图

2D图形的表现形式大致分为位图和矢量图两种。在不使用污点、浸透等纹理，而想要表达出清晰的描线时，可使用矢量形式的插图 **图4-46** 。

矢量形式的特点是无论放大还是缩小，轮廓都不会模糊，可以保持清晰的画质。自从浏览器能够支持SVG（Scalable Vector Graphics）格式的文件后，并且考虑到适应Retina显示屏的问题，矢量图的使用频率越来越高。美丽的线条可以形成高级、锐化的风格，所以多用于IT相关企业或产品的宣传网站。

图4-46 wrk（https://waaark.com/）
矢量形式的插图即使用于大幅的画面，其轮廓也不会模糊

角色的使用

许多网站从很久之前便已经开始灵活运用角色来树立企业形象和品牌形象，与相似的竞争对手之间实现差异化。角色非常便于形成企业或品牌的价值观，提升亲近感和共情。具有性格和特点的角色可以将LOGO或品牌色等其他要素难以展现的"人格"体现出来，形成与用户对话、交流的感觉 **图4-47** 。

如果是专业性较高、比较难的内容，只是用说明性的文字或图标，也很难吸引到不熟悉专业领域的用户群体。而通过角色的引导降低门槛，就可以覆盖更广泛的用户群体。

图4-47 上野访谈（https://interview.ueno.co/）
可以在与模仿工作人员的角色的对话中感受到企业氛围

11　信息图形的设计

要

点

信息图形指的是将数字、文章视觉化，以提高信息传递速度和效率的手段。
其优点是可以实现不依赖语言的视觉交流，
可以将专业性较高的数据展现得清晰易懂，传达给更多的人。

什么是信息图形

信息图形（Infographic）指的是Information+Graphic，将数字、文章等较难表达的数据进行视觉表现，直观、易懂地表达出来的方式。其实我们在日常生活中经常能够见到信息图形，例如天气预报、电车路线图等。

网站也采用了需要加入图标的信息图形。一大优点是可以将复杂信息或流程视觉化，便于外国人或孩子理解 **图4-48** 。因为只需要一张图片就可以传递信息，所以也适合用于希望用户通过SNS等分享信息的场合。

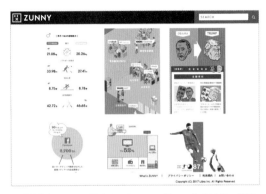

图4-48　ZUNNY | 做成图形便一目了然——信息图形・新闻
（ http://zunny.jp/ ）

将新闻或信息"做成图形"，使之清晰易懂的ZUNNY[6]的网站

使用插图的信息图形

如果只有数字和说明文字的表达方式，数据容易给人"看起来很难""好像和我没有关系"的印象，进而使得用户都对数据敬而远之。而使用信息图形的话，就能够使数据更容易形成印象，更具有亲近感，也就有更大的概率被更多人看到。

制作信息图形的时候需要选定一个主题，使用户第一眼看到就能捕捉到传达的内容。即便传递的信息是相同的，不同的表现方式所形成的亲近感和引起兴趣的可能性也会有很大的区别 **图4-49** 。

图4-49　猫途鹰（Tripadvisor）画廊
（ http://tg.tripadvisor.jp/tripgraphic.html/ ）

以旅行咨询师的旅行经历为主题的信息图形专用网站

译者注：**6** "ZUNNY"是日语中"做成图形"的读音。

使用图标的信息图形

在需要对数据进行具体分析的时候，例如比较多个项目，或掌握数值变化趋势的情况下，经常使用图标。我们平时可以看到，图标中有饼状图、柱形图等多个种类，按照处理数据的不同，图标也有适合和不适合的情况。所以需要按照数据的特性来选择合适的图形。

饼状图

饼状图适合展示构成比 **图4-50** 。一般从钟表的12点钟位置开始，按照占比大小的顺序排列，饼状图多用于强调各项目占比而非绝对量的情况。将构成比以条状展示的条形图也适用于同样的目的。将多个图标放在一起进行对比的时候更适合用条形图。

柱形图

柱形图适合于比较数量，尤其是项目总数较多的时候，柱形图可以清晰地展现各项目数据的大小 **图4-51** 。另外，在一个柱形上叠加多个数据的图标（统计县人口时区别不同年代等）叫作"堆积柱形图"，这一类图还可以展示总量中的占比详情。

折线图

折线图的横轴一般是年、月、日等表示时间的项目，适合展示不同时间之间的对比 **图4-52** 。通过改变线的种类和颜色，可以将多个数据重叠展示，多用于比较增减或展示增减之间是否相关。

雷达图

雷达图适合展示特性，一般在以5～8个项目为顶点的正多边形内，将各项目的数值连线 **图4-53** 。雷达图可以清晰地展示较弱和较强的项目及整体情况和各项目之间的平衡。

图4-50 饼状图

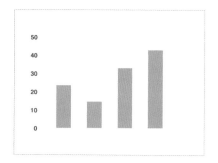

图4-51 柱形图

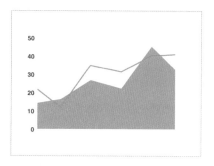

图4-52 折线图

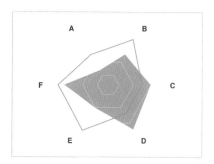

图4-53 雷达图

12 文字设计①
字体的基本知识

要
点

文字设计指的是选择合适的字体和字号，遵循文字间隔和行间距等原则调整文字，

设计清晰易懂且具有美感的文字要素。

文字要素较多的网站形成的整体印象会因为字体种类而发生变化。

下面介绍一下常见字体的特点。

选择合适的字体

不同字体给人留下的印象是不一样的。另外，将用于醒目的标题的字体用于正文浏览，就会降低正文的可读性。并且字体有许多种类，所以需要按照字体的印象和功能性选择合适的字体。首先介绍一下字体的特点。

哥特字体和明朝体

日语字体大致分为"哥特字体（Gothic）"和"明朝体"两种 **图4-54**。哥特字体的横线和竖线粗细基本相同，没有装饰。明朝体的横线比竖线细，折角和尖端有山形的装饰，这种装饰叫作"鳞" **图4-55**。西方字体同样也分为有装饰的"衬线字体"和没有装饰的"无衬线字体"。

可读性和视觉效果

明朝体可以通过线的强弱来分辨文字，所以读长文章也不容易疲劳，可读性非常高。因此常用于报纸和书籍正文。

而哥特字体的线条均衡有力，从远处也可以清晰地辨别文字，因此视觉效果非常好。常用于报纸和书籍标题或交通标志、招牌等。虽然日印刷品的正文经常使用明朝体，但在电子屏幕上浏览网页的时候，线的细微部分会难以辨认，所以网页中主流是使用哥特字体 **图4-56**。

图4-54　字体的种类

（左上）哥特字体、（左下）无衬线字体、（右上）明朝体、（右下）衬线字体

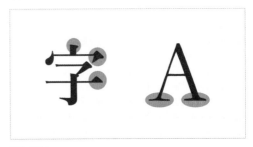

图4-55　鳞和衬线

明朝体的鳞装饰在英文字体中变为衬线

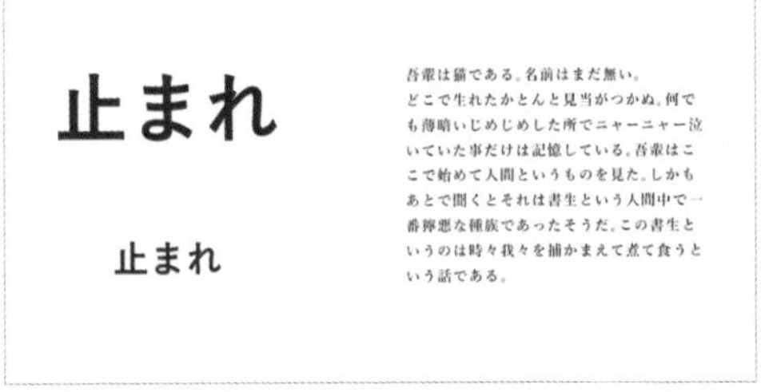

图4-56　可读性较高的明朝体和视觉效果较高的哥特字体

因为网页容易受分辨率的影响，所以除了标题，正文也常使用视觉效果较好的哥特字体

字体导致的印象差异

　　一般来说，明朝体给人的印象是"有格调、具有高级感，流畅、柔和"，哥特字体给人的印象是"休闲、大众，有力且活力满满"，这些印象会很大程度上受到粗度（weight）的影响 **图4-57**。线条比较细的话就会具备纤细、摩登、高级的简约感，线条粗的话就会形成有力、活泼的印象。而不同字体的weight值各不相同，例如，柊野角哥特字体（Hiragino Kaku Gothic）有"W0~W9"10种粗细度。若将大标题、小标题、正文的字体统一，保持基本的印象，但weight的不同会使信息之间产生阶层，所以需要提前确认使用字体的粗细度种类。

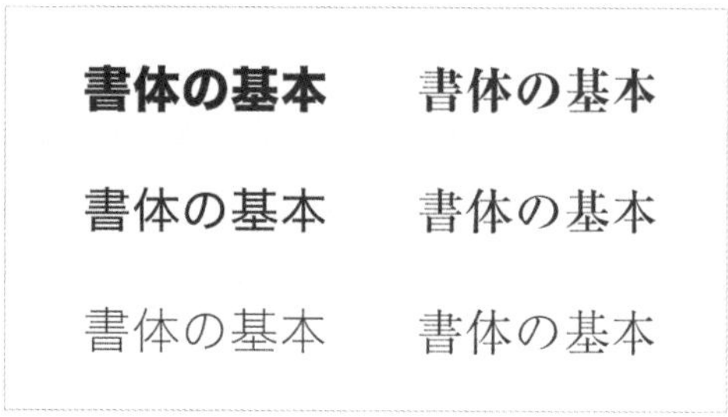

图4-57　因粗度差异而产生的印象差异

左边是Hiragino Kaku Gothic（W8、W4、W1），右边是源流明朝体（Ryumin）（H、M、L）

网页字体

　　以前浏览器会通过用户所用OS系统中预置的字体（Hiragino Kaku Gothic、明瞭体meiryo、MS哥特字体MSGothic等）显示文字。如果注重设计性，希望使用预置以外的其他字体，也可以将部分文字图像化显示。但是缺点是修改过程非常复杂，也不能支持文字搜索。

　　除了图像化，使用目标字体显示的方法还有网页字体。网页字体是读取网页服务器上的字体文件并显示的技术。英文字体还有谷歌提供的"谷歌字体" **图4-58** 等可以方便使用的网页字体。所以需要提前确认浏览器的显示方法，并选择合适的字体。

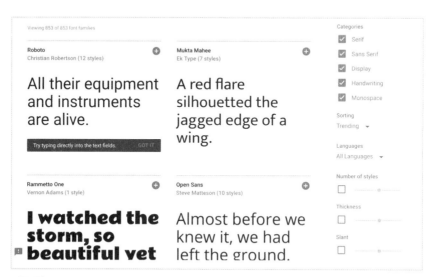

图4-58　谷歌字体（htttps://fonts.google.com/）

谷歌字体中有80多种可供使用的字体

13 文字设计②
文字组的基本知识

要	选择了适合网站风格的字体之后，还需要考虑标题和正文的结合，文字排列的细节等问题。
点	尤其是字距调整和约定符号（句号、顿号、括号等标点符号）的使用有其相应的原则，所以掌握相关基础知识是非常重要的。

字距调整

调整文字与文字的间隔，完善文字的视觉效果，提高文字易读性的过程叫作"字距调整"。在排版时，相邻文字之间就容易产生不自然的间隔，或显得文字过于拥挤。这是在"A"或"W"这种倾斜文字之间容易出现的现象。而日语文字中容易在出现标点符号（句号、顿号、括号等）或促音、拗音[7]的时候看起来字距较大 **图4-59**。

因为不同终端显示网站的效果不同，所以很少在正文中通过CSS设置详细的字距调整，但是使用图像制作LOGO或标题要素的时候，如果注意到字距调整的问题，就能够实现整洁简约的视觉效果。

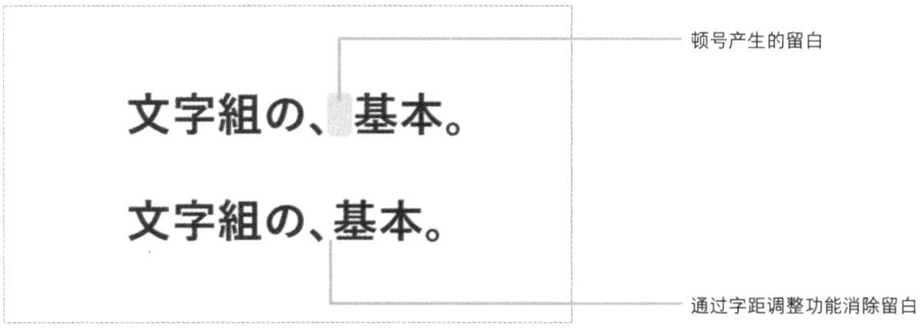

顿号产生的留白

通过字距调整功能消除留白

图4-59　日语标点符号产生的留白

Tracking

Kerning是按照文字的字形调整个别字符之间的间距，而字间距（Tracking）是等间距调整文字列所有字符的间距。如果希望像标语一样使用户慢慢地阅读，获得感情上的共鸣，那么可以将字间距设置得大一些。但是如果间距太大，文字之间的联系会变弱，就很难使文字的意思留在用户的脑海中，需要按照文字量或文字大小来整体决定字间距 **图4-60**。按照网站的文字设置字间距的时候，可使用CSS的letter-spacing属性。

图4-60　字间距设置示例

译者注：**7** 日语中促音、拗音的书写格式是つ、しゃ等，明显比普通的文字小。

跳跃率

文字设计的跳跃率指的是"大标题""小标题""正文"的不同文字元素的大小比例。信息量较大，需要一目了然的报纸、杂志等媒体，通常标题明显比正文的文字更大。因为标题十分醒目，且凝聚了作者最希望传达的信息，所以也便于读者选择所需信息阅读。而小说、诗歌等需要读者静下心来阅读的内容，通常跳跃率比较低。所以需要按照内容的目的和希望形成的印象来改变跳跃率。

如果是一个很长的网页，通常跳跃率比较大，在标题和正文之间会形成显著的对比，制造引人瞩目的要点，从而提升易读性 **图4-61**。

图4-61 电子版电通报（https://dentsu-ho.com/）
跳跃率越大，标题给人留下的印象就越深刻

组合使用多个字体

日语文章中，通常不只有日语文字，还有许多英文和数字。这种现象叫作"日欧混合"。而日语字体的英文和数字的宽度通常比较大，所以将英文和数字设置为英文字体更便于阅读 **图4-62**。将日语字体和英文字体混合使用的时候需要注意的是粗度值的平衡。即便是日语的哥特字体和英语的无衬线字体，如果粗细不同，也会产生违和感。像Helvetica和Times这种粗度值比较丰富的字体更适合于组合使用。

图4-62 INTENTIONALLIES（http://www.intentionallies.co.jp/）
日语和英文混合显示的示例

14　设计指南

要
点

网站设计中通常会针对按钮、表单等基础元素设计一套模板，然后根据布局和文字按需要进行定制。所以设计指南的制定对于保证网站制作和运营的统一性是非常有效的。

为什么需要设计指南？

对于多个设计师参与的大规模网站，或者上线后需要随时改善的网络服务，设计指南是不可缺少的。提前制定设计指南，规定好设计原则，改善界面和制作新页面的时候就会更加顺利。

设计系统平台"Adele"**图4-63** 中有许多企业或服务公开的设计系统和模板，在制作设计指南的时候可以作为参考。

原子设计（Atomic Design）

原子设计（Atomic Design）指的是将构成网站的元素分解至最小单位，然后对其进行排列组合，制作页面的部件或整个页面。

像 **图4-64** 一样从最小单位开始分段定义，就可以很快理解网页设计是基于怎样的原则构成的，它的优点就是再现性、再利用性高。所以原子设计是构建设计系统的有效方法之一。

图4-63　Adele-设计系统和模板库
（ https://adele.uxpin.com/ ）

滑动页面就会显示各种企业的设计系统和模板链接

等级	要素	元素
Lv1	Atoms-原子	不能继续分割的最小要素（字体、色板等）
Lv2	Molecules-分子	将原子组合形成的元素（文字区域+按钮=搜索框等）
Lv3	Organisms-有机体	将分子组合形成的元素（页首、页脚等）
Lv4	Templates-模板	类似于加入内容之前的线框图一样的模板
Lv5	Pages-页面	用户实际看到的最终设计

图4-64 原子设计的定义

设计指南中定义的元素

制作设计指南的目的是使网站和服务的设计保持统一性，顺利完成开发过程。同时设计指南也是追加制作的组件或页面设计是否切当的判断标准，所以理想的设计指南应该能够指导设计师高效地完成页面制作。

不同网站或制作环境下设计指南中定义的元素各不相同，下面介绍几个代表性的元素。

调色板

网站中使用的颜色通过"#000000"等Hex值来指定。所以需要按照背景色、按钮的颜色等不同功能提前定义相应的颜色 **图4-65**。

文字设计

文字设计需要定义标题、正文、标语等不同元素的文字大小、字体、颜色。字体最好同时定义西文字体和日文字体。

图标库

将网站中使用的图标建立图标库，可以防止相同用途的图标重复出现。如果可以提前定义图标的大小、圆角的数值、线和颜色的原则，那么增加新图标额的时候也可以保证风格统一 **图4-66**。

按钮等部件的设计

设计指南中通常还会定义各元素额的大小、阴影、线宽等样式。并且应注意不要忘记定义单击/按下按钮时或操作无效时的状态变化。如果是按钮，还需要按照主按钮、副按钮等，明确区分使用的原则 **图4-67**。

布局模板

设计指南还需要定义使用各元素制作网页时的布局模板。除了内容区域、导航区域、侧边栏等结构，有的特定页面分栏数量会发生变化，存在多种布局，因此需要明确区分使用的原则 **图4-68**。

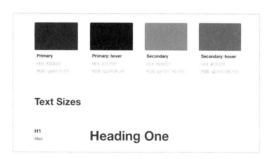

图4-65 调色板和文字设计

Nachos | Trello（https://design.trello.com/）

图4-66 图标

Nachos | Trello（https://design.trello.com/）

图4-67 按钮

Nachos | Trello（https://design.trello.com/）

图4-68 布局模板

Nachos | Trello（https://design.trello.com/）

15

不同风格的UI、图形设计案例①
可爱、前卫

如果网站的目标群体是女性或年轻人，或者是风格活泼的活动网站或宣传网站，那么可以使用可爱、前卫的设计。

"淡丽GreenLabel的365FLOWERS"的活动网站就是将一年365天的生日花利用插图的形式角色化，使用户可以清晰地了解到花朵的原产地或特点。当用户访问网站的时候首先会显示自己生日的代表花朵的角色，网站充分利用角色表达了价值观，使用户能够深入到故事当中，设计的体验感非常好 **图4-69** 。

文字设计和按钮的线条像手绘一样歪歪扭扭，在许多细节之处都沿用了插图风格

图4-69　淡丽GreenLabel的365FLOWERS
（https://365flowers.kirin.co.jp/）

滑动页面时的花朵和小鸟飞翔的动画，以及页面跳转时的刷新动画，每一个动画设计都强调了插图中所展现的价值观

图4-70　棒棒泡芙（CROQUANTCHOU ZAKUZAKU）
（http://www.zakuzaku.co.jp/）

通过裁剪照片
赋予前卫风格

酥脆的口感是"棒棒泡芙（CROQUANTCHOU ZAKVZAKV）"的特点，其商品网站令人印象深刻的就是大胆使用了斜向裁剪的图片。主要印象图片和裁剪图片的组合使用使得以图片为中心的页面具有韵律感，风格前卫。同时也向浏览者传达了轻快、新鲜的商品特性。

LOGO及照片裁剪的边缘有不规则的齿轮，能令人联想到撒满杏仁的泡芙 **图4-70** 。

图形模板的运用

　　"做我的柠檬女孩（Make My Lemonade）"是一个以照片和文字为主的媒体网站，背景采用两种鲜艳的色调，照片的底层采用几何图案，使得整体结构简约易读，但又展现出了女孩独特的价值观 图4-71 。

图4-71　做我的柠檬女孩（Make My Lemonade）
　　　　（http://makemylemonade.com/）

照片的底层使用了多种图形模板，在模式化的布局中成为了视觉亮点

图4-72　童趣杂货（Kids Colleccio）
　　　　（https://kids.colleccio.jp/）

手绘插图素材的运用

　　"童趣杂货（Kids Colleccio）"主要按照孩子绘制的图画或拍摄的照片制作产品，官方网站的背景采用手绘风格的插图和色彩前卫的插图模板，营造出了一种和孩子一起玩乐享受的兴奋感和可以放心委托的亲近感。照片素材使用曲线做蒙版，与风格前卫的背景也融合得非常和谐 图4-72 。

斜向布局使页面具有动感

　　"Try MoreInc"的网站令人印象深刻的是整体使用斜向布局，使页面具有动感。采用清晰的轮廓线描绘的美国漫画风格的插图和接近原色的色彩使得网站充满活力。界面和照片素材也使用较粗的轮廓线，保证了与图片之间的统一性 图4-73 。

图4-73　Try MoreInc | 我们是一家充满好运的公司!!!
　　　　（http://www.trymore-inc.jp/）

16

不同风格的UI、图形设计案例②
优雅、高级

优雅指的是干练、高级，强调女性华美的时候常使用这种风格的表达方式。

资生堂的美妆品牌之一"MAQuillAGE"的网站中，页首宽度和商品图片的使用之间具有不规则性，并且明暗配色和强调色之间取得了良好的平衡，营造出了不会过于硬朗也不过于甜美的成熟女性的风范 **图4-74** 。

图4-74 MAQuillAGE | 资生堂
（ https://maquillage.shiseido.co.jp/ ）

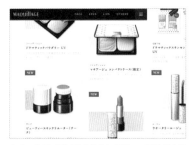

商品一览页面除了商品的裁切照片，还通过彩色图形使用户感受到产品的颜色和质感，在展现商品特性的同时增加了页面的华美感

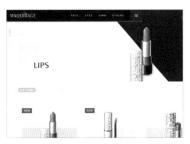

页首图片使用了明暗色的两种色调，使页面具有紧凑感的同时又会让用户觉得张弛有度

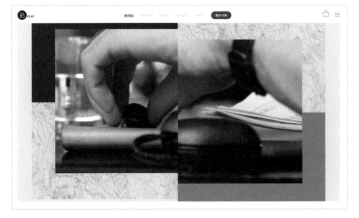

图4-75 Beoplay E8
（ https://www.beoplay.com/landingpages/beoplaye8 ）

通过纹理
展现高级感

"Beoplay E8"是Bang & Olufsen品牌的无线耳机产品网站。网站的视频和照片的视觉效果向用户展示了使用高级材料的时尚设计魅力，并展示了产品的使用场景。与照片重叠的大理石纹理和棕色的背景给人以放松、高级的印象 **图4-75** 。

通过照片的展示方式体现高级感

"星野（HOSHINOYA）"是追求非日常的日本高端度假酒店。网站首页通过舒缓的滑动效果展示了一年四季的设施照片，能够使用户体会到酒店充分发挥了当地土地环境的度假体验。详情页面可以看到裁剪为圆形或方格形状的照片，与视差效应结合使用，呈现出了通过网站窥见"星野（HOSHINOYA）"的非日常空间的沉浸感 **图4-76**。

将圆形品牌标志的切换动画巧妙用作主页横幅或加载提示

图4-77 FIL
（https://fillinglife.co/）

展现高级的Action Color

时尚品牌"SENSE6 Time to feel"的网站中，黑白照片和彩色照片之间的平衡感非常美丽，在黑色色彩中，以高级的金色渐变作为用户执行操作的元素的颜色（Action Color），令人印象深刻。整体设计高级、简约，但同时采用醒目的Action Color，可以明确地引导用户 **图4-78**。

图4-76 星野豪华酒店 | 星野（HOSHINOYA）
（https://hoshinoya.com/）

通过缩减元素呈现优雅风格

"FIL"的产品使用熊本县南小国町的"小国杉"制作，产品网站的每一个要素都采用了极简设计，直接展现产品本身的优点。整体页面使用灰色调营造出简约的风格，在此基础上，以鲜艳的粉色为背景展示产品的视觉效果，在冷酷感与柔和感之间实现了有机的平衡 **图4-77**。

图4-78 SENSE6 Time to feel
（https://www.sense-6.com/）

17

商务、信赖

为了营造信赖感和安心感，需要给用户一种仿佛可以面对面了解品牌个性和价值观的体验，在用户心中留下简约、令人放松的印象。除此之外，品质方面保证使用的便利性也是非常重要的。例如，如果文字难以阅读，单击之后没有反应，操作无法进行，那么用户一定会产生不安的感觉。

"利我生株式会社（LIVE-SENSE）"的招聘网站导航的细微元素可以与品牌标志之间相互跳转，整体设计给人一种坦诚又具有个性的感觉 图4-79 。

采访页面中，将员工手写的文字作为标题，可以从中感受到员工的个性

手写文字和网页文字之间存在联动，这里的设计兼顾了个性和易读性

图4-79　招聘信息｜利我生株式会社（LIVESENSE）
（https://recruit.livesense.co.jp/）

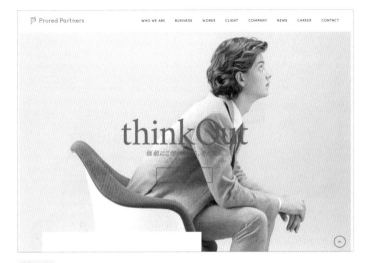

图4-80　Prored Partners
（https://www.prored-p.com/）

简单地传达
品牌理念

经营咨询公司"Prored Part-ners"官方网站的主页横幅是将一张正在思考的商务人士的侧脸照片切换展示，简单地传达了"执着地追求价值，所以不断思考"的理念。打开网页时的文字动画也自然地向用户展示了品牌理念，令人印象深刻 图4-80 。

使用网格呈现干净整洁的风格

"佐久间徹设计事务所"企业网站的特点是秩序井然的网格设计和独特的竖排明朝体文字。结构简单的网格设计能够给人诚实、整洁的印象，但同时也容易看起来比较冷酷。但是该网站使用竖排的文字设计，营造出了杂志封面一样的氛围 图4-81 。

图4-81 佐久间徹设计事务所
（ https://sakumastudio.com/ ）

图4-82 司法书士青木事务所
（ https://aoki-jimusho.net/ ）

通过视频更直观地展示业务内容

右图是"Good Life株式会社"的企业网站。这是一家提供办公室装修相关业务的公司。网站采用几何图形的部件，并以深藏青色为主色，给人营造出一种放心的印象。该网站有效地使用了定格动画，将真实照片和艺术作品组合制作的业务介绍得十分独特 图4-83 。

从该页面选择一个缩略图之后，页面跳转的时候使用了网格元素的动画效果

通过插图营造安心感

法律和审判的相关内容专业术语频出，容易给人一种晦涩难懂的感觉。而"司法书士青木事务所"网站的标语和导航栏标签都选用了简单易懂的语言，具有亲近感。插图、文字设计、图标也选择圆角形状，整体视觉效果营造出了一种放松、适合交流的氛围 图4-82 。

图4-83 Good Life株式会社
（ http://goodlife-inc.co.jp/ ）

18

不同风格的UI、图形设计案例④
有机、自然

要呈现有机、自然的风格，需要将商品或素材品质的高级感展现出来。在图形表现中使用色调沉稳的照片或有机的线条，就可以展现自然的高级感。

使用西会津的车麸制作的甜品"麸麸麸甜品（Fufufu Sweets）"的官方网站中，使用的自然色调十分协调，使用户能够感受到产品的印象及手工制作的温暖。设计师在文字部分的框内加了手绘风格的线条，在背景中加入了细致的纹理等，使网站设计的每一个细节都可以感受到设计师的用心 图4-84 。

图4-84 麸麸麸甜品（Fufufu Sweets）
（http://fufufusweets.com/）

背景上叠加的薄薄的一层布及标题背景上添加的模糊纹理，都给用户一种柔和的印象

将令人联想到商品的主题用于轮播按钮，这个设计非常具有童心

与水彩风格的插图搭配使用

西式点心、面包制造销售公司"小于廉（Mannekenpis）"的网站中不仅展示了完成后的产品示意图，还在首页展示了制作过程的照片，向顾客展示了对于制造过程的高要求。并且与照片搭配使用了水彩风格的插图，特意打破了网格布局，使整体呈现出高级、柔和的独特品牌形象 图4-85 。

图4-85 小于廉（Mannekenpis）
（http://mannekenpis-ceres.com/）

使用色调沉静的照片

厨房、家居工作室"FERME工作室"的网站使用Hero Movie展现了阳光透过树叶照进工作室的场景。自然色调的视频和照片、与衬线字体有机结合的文字设计，使页面具有生活方式杂志一样的高级感和舒适感 图4-86 。

饱和度较低的照片能够呈现出高级感和自然的风格

图4-86 FERME工作室
（http://frme.jp/）

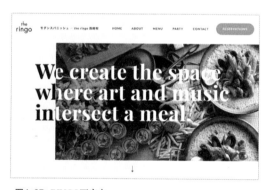

图4-87 RINGO西麻布
（https://the-ringo.jp/）

通过文字设计呈现时尚感

时尚西班牙餐厅"RINGO西麻布"的网站在照片上叠加了衬线字体的标题。使用的是谷歌字体的"Play fair"字体，这是一种极细线字体，比一般衬线字体的线更细，线的抑扬更大。这样的设计使得网站整体既有时尚、锐利的印象，又兼具自然、柔和的风格 图4-87 。

使用原材料的照片，
展现产品的有机、天然

对品质、制造要求较高的商品的网站中如果展示材质或原材料的照片，就能够为用户提供一种安心感和信赖感。护肤品、身体护理品牌"Recipist"的卖点是使用天然原材料，在淡雅色调的背景图片上以原材料的照片为主视觉元素，和包装上显示的成分标志一同强调了品牌形象，展现了品牌的特性 图4-88 。

图4-88 Recipist｜资生堂
（https://www.shiseido.co.jp/recipist/）

19

冷酷、尖端

"冷酷、尖端"印象的营造多用于新技术实现的产品或服务，尤其是对于高精尖领域来讲，是一种行之有效的表现方式。

"ACSL"是一家无人机技术公司，首页的视觉表现使用了3DCG和图纸。包括文字设计在内，几乎所有的元素都统一使用了品牌标准色——蓝色，将蓝色形成的理性形象与对于高超技术实力的强调进行了完美结合 图4-89 。

网站中使用了线条很细、边缘很清晰的插图，能让人联想起图纸和线框图，营造出了一种缜密、锐利的印象

使用彩色叠加窗口将图片素材全部统一为蓝色，保持了风格的一致性

图4-89　ACSL│株式会社自动控制系统研究所
（http://www.acsl.co.jp）

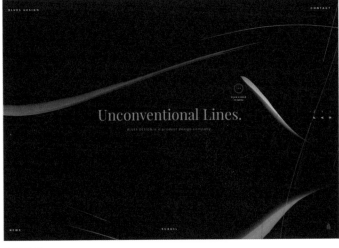

图4-90　布鲁斯设计（BLUE DESIGN）
（https://www.blues-d.co.jp/）

强调工学
曲线的美感

"布鲁斯设计（BLUE DESIGN）"是一家从事产品设计的公司，该公司官网的背景图片仿佛幽深的宇宙空间，而跃然于背景之上的曲线非常美丽，滑动页面的时候呈现螺旋状立体特效，形成了网站独特的世界观。虽然这是一个平常极为少见的使用导航促进特殊行为（保持、拖拽）的设计案例，但是能够从中感受到不畏挑战的勇敢精神 图4-90 。

通过反复动画呈现机械风

"INDUSTRIAL JP"是将在小镇工厂车间录制的机械声音用作素材，由音乐家创作原创歌曲的项目网站。每一首乐曲的缩略图上都循环播放着机械运作的视频，通过展示机械动作反复的节奏和生产过程，能够使访问者迅速了解到项目背景。网站全部使用细线条的Condense字体（文字宽度较窄的一种字体），看起来像是被机器压缩变形的文字。文字设计也形成了一种工业风的印象 图4-91 。

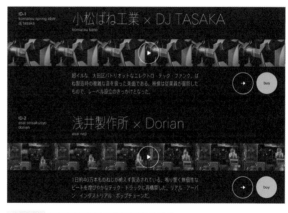

图4-91 INDUSTRIAL JP│工厂音乐唱片
（ http://idstr.jp/ ）

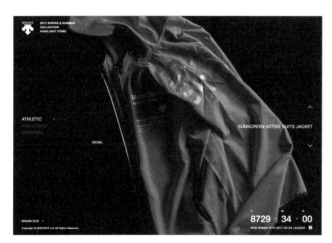

图4-92 迪桑特│2017春夏新品
（ http://ss2017.descente.jp/ ）

减少UI
以商品为主角

运动装制造商"迪桑特"的官网在展示春夏系列单品时，单品照片与黑色背景形成了鲜明的对比，页面设计非常具有吸引力。网站首页尽可能地简化了UI，缩减要素，以此来强调视觉呈现，单击单品照片就会进入详情页面。而轻快的斜向特效也体现出了运动品牌特有的悦动感 图4-92 。

用简单的结构展现世界观

摄影师田岛太雄先生的作品网站以作品一览为主线，整体结构非常简单。Hero Movie是摄影作品的概要，只要单击这个视频，就可以从中感受到田岛先生的世界观。网站各处都使用了波浪特效，在简单的结构中成为了视觉的重点 图4-93 。

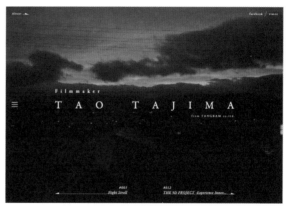

图4-93 田岛太雄│摄影师
（ http://taotajima.jp/ ）

制作日本代表性文化或设施的相关内容时，多采用"和"风，也就是日式风格。日本传统色彩大多色调较暗，在图形或UI中再添加龟甲柄、市松柄等纹样，或加入梅花、樱花的意象，就可以形成日式的风格。

日本寒川神社的辟邪守护神十分著名。神社网站添加了云朵飘浮的动态效果，为历史悠久、庄严肃穆的神社增添了一丝通透感 图4-94 。

图4-94　寒川神社
（http://samukawajinjya.jp/）

界面中运用了象征避邪神的八角标志，展现了其建筑的特色

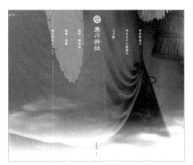

当鼠标停止在菜单选项上时，画面上会显示一条横跨页面的垂直分割线，强调网站为纵向布局

图4-95　香料老字号 薰玉堂
（https://www.kungyokudo.co.jp/）

通过简单的结构
表现侘寂美学

左图为日本最古老的香料调制店铺"薰玉堂"的网站。网站中使用照片展示了日常生活中使用香料的场景，并充分利用留白，缩减元素，体现了老字号的品位和风格。该网站的留白和非装饰性、沉静大方的纹样都能够让人感受到日本自古以来精神和审美的精髓——"侘寂" 图4-95 。

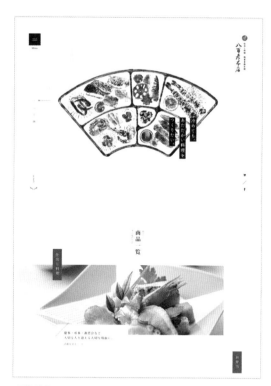

图4-96 八百彦本店株式会社
（https://www.yaohiko.nagoya/）

借助笔墨意象体现日式风格

许多经营日本传统商品的企业LOGO都会使用笔墨意象。墨渗透进和纸的意象非常适合用于LOGO。

创立于江户时代、历史源远流长的外卖日本料理店铺"八百彦本店株式会社"的网站以和纸为背景，添加了水墨画、版画风格的菜品插图，能够让人感受到经过历史沉淀的味道和技术 图4-96 。

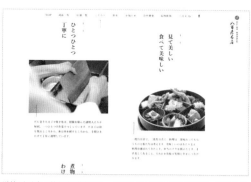

详情页面除了使用华美的照片，还加入了水墨画风格的图形，将网页中的元素像拼贴画一样排列，形成了统一的风格

图4-97 Chackathon
（https://chackathon.com/）

通过几何学装饰实现
日式风格和现代风格的融合

IT领域举办的创意比赛活动称为"创意马拉松（Ideason）"。而"Chackathon"则是通过茶和座禅来表达静心凝神的创意Ideason。纵向书写的文字设计和图片裁剪形成了日式风格，而几何学纹样的大胆配色和排列，使得传统与现代实现了很好的融合 图4-97 。

将日式风格应用于象征性意象

"KANRA京都 酒店"是以"临街商铺"风格客房为特色的高端酒店，酒店设计为京都传统住宅样式增添了现代感。日式风格与现代风格的融合在网站中随处可见，背景和跳转动画中都使用了象征性的六边形标志 图4-98 。

图4-98 KANRA京都 酒店
（https://www.hotelkanra.jp/）

UI、图形设计的趋势

随着电子设备的多样化和生活方式的变化，现在许多内容在手机端的使用频率超过了电脑端。因此，UI和图形设计也需要适应多种设备。

移动端优先

最近，除了布局和部件大小需要适配窗口大小，许多设计案例中还加入了符合移动设备特性的灵感或表达方式。手机端一般用手指输入信息，所以有的UI设计中灵活运用了滑动、捏合（缩放）等手势 **图4-99** 。手机中搭载了GPS、陀螺仪等多种传感器。如果将以上功能与"可移动"相结合，就可以提供手机端独有的用户体验 **图4-100** 。

视频的运用

SNS或APP中，通过视频交流是常见的形式。视频的优点是可以展现一张静止图片所无法呈现的空气感和现场感 **图4-101** 。随着用户越来越习惯视频内容，灵活运用视频元素的网站也将显著增加。

几何学层级

最近UI和图形设计都倾向于极简设计，其背景是现在对于支持多设备和内容优先的重视。斜线及圆形的几何学形态虽然简单，但是具有独特性，与效果演绎之间的亲和度也比较高 **图4-102** 。

图4-99 可以通过滑动操作移动分类的网络媒体

VOGUEGIRL
https://voguegirl.jp/

图4-101 使视频占据第一屏的整个背景，展示内容概要

JALSTEAM SCHOOL
https://www.jal.com/ja/csr/soraiku/steamschool/

图4-100 通过GPS检测当前位置，显示附近是否有存活的野鸟

听鸟测试－Panasonic
https://kikitoritest.jpn.panasonic.com/

图4-102 使用几何学元素的视觉设计令人印象深刻的企业网站

ESTYLE,Inc.
https://estyle-inc.jp/

第 5 章

动态设计

书籍、杂志等传统纸媒与以网站为代表的数字媒体之间最大的差异就是，数字媒体可以实现动态图像、效果等动画。

动画会在细节上极大地影响用户的操作体验，也是为网站增添娱乐性的不可或缺的元素。

本章将介绍网站动画的设计方法。

01 为网站添加动态图像或效果的意义

要点　为网站添加动态图像或效果，不仅可以展现页面或组件之间的跳转，
还可以简捷清晰地展示页面的功能、网站的质感和个性、操作的情况等。
动态图像或效果可以实现静态图像或文章难以实现的交流，可以显著地扩大网页设计的可能性。

动作和设计的关系

近年来，随着手机的普及，在大小有限的画面内进行网页设计已经成为了一件司空见惯的事情。

使用手机的时候，必须在非常小的屏幕内，像皮影戏一样不停地切换展示内容。而这时如果在两个页面之间加入动画，明确展示前后页面之间的联系，用户就能自然流畅地了解操作情况和操作结果。

我们以Google材料设计中按照用户动作设计的动画为例 图5-1 ，单击左下角圆形的男性照片，就会主要显示该男性的照片。这个时候不是突然切换，照片的大小会随动画变化，所以用户不会因为照片的突然变化而感到困惑。因为手机的屏幕较小，需要时常切换整体的显示内容，所以为了不影响UX，需要在设计过程中仔细斟酌动画的使用。

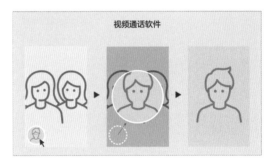

图5-1　视频通话软件中的UI动画

通过动画提升设计的功能性

很多人通常会将动画或效果看作是附加元素，而其实它们也会发挥更加本质的作用。

我们经常见到的一个动画就是，在网页的上方会显示一个跳动的、向下的箭头，这是为了促使用户向下滑动页面 图5-2 。这样一来，即使第一次访问该网页的用户也能够理解其作用。从这个例子中可以看出，动画可以承担设计的功能部分。

我们还经常看到的另一个动画是，网站增加新功能的时候，会有一个不停闪烁的"NEW"的文字或图标，非常醒目。这是为了引起用户的注意，使用户发现网站"增加了新功能"。

图5-2　在第一屏提醒用户向下滑动页面

具有质感的动画

动画和效果还可以展现"质感"。我们日常生活中所见到的小河流水、熊熊火焰、随风飘摇的草木等，都是自然现象所具有的独特动画或效果。

而近年来，将具有类似质感的动画与网站清新简约的设计相结合，就可以对简单的图形或文字设计起到点缀的作用 图5-3 。

展现质感的一个重要元素就是变速（加速或减速）。要为某一个元素添加动画的时候，通常不是匀速变化，而是使用变速，动作启动的时候速度加快，动作即将结束的时候速度减慢。这也是参考了物理现象。

同时动画还可以展现余韵悠长、情感丰富的特点，具有静止画面所没有的魅力。

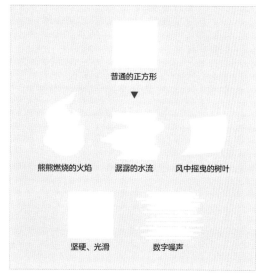

图5-3 通过不同的动画为同样的白色正方形赋予不同的质感

01

为网站添加动态图像或效果的意义

通过动作展现个性

迪士尼传奇动画造型设计师在著作《生命的幻想——迪士尼动画造型设计》（ *The illusion of life* ）中介绍了为绘画角色注入生命力的12个法则，对于通过动画或效果展现个性非常具有参考价值。Vincenzo Lodigiani使用非常简单的形状元素展现出了这一原则，动画如 图5-4 所示。即便只是一个灰色的正方体，但是只要加入了动画，就仿佛变成了一个有感情的生物。

例如，设计中需要时尚感或角色性的时候就会具有参考价值。那么相反，如果添加的动作具有一种厚重感，则会形成安静、稳重的印象。所以动作可以展现各种各样的个性。

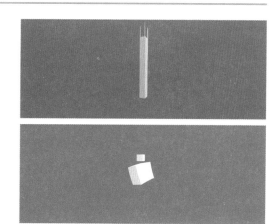

图5-4 *The illusion of life* 中的一帧

https://vimeo.com/93206523

动画的重要性

如前文所述，如果要追求在手机窄小的屏幕上的使用感，那么页面跳转和诱导用户操作方面，动画是不可或缺的。因为用户也已经习惯了使用动画，所以只有静态的页面反而会使用户不会操作，影响用户的使用体验。现在要为用户打造舒适的网站，设计与动作（动画）的融合是不可缺少的。

因为网站制作中大多数情况下需要设计师与工程师分工合作，所以设计师与工程师需要紧密沟通，加入适当的动画，为用户打造舒适的使用感受。

02 页面跳转动画的种类和功能

要

点

尤其是在手机窄小的屏幕上，无法一次性将网站内的所有信息展示完整，
所以如果滑动页面或跳转至其他页面，就会频繁发生展示内容的切换。
这时，为了保证用户良好的使用感受，页面跳转动画就是不可或缺的。

页面跳转动画的作用

页面跳转动画是紧密联系屏幕和页面组件的动画。页面跳转动画的要点是不会使用户产生违和感，使设计和动画有机融合。那么下面通过简单的案例介绍一下与整体设计相契合的动作。

菜单滑入

例如，将收纳菜单的汉堡按钮设置于右上角的网站 **图5-5** 。假设单击右上角的汉堡按钮就会显示菜单。那么添加怎样的动画能够使菜单显示得更加自然流畅呢？

这里常用的动画是菜单滑入效果。滑入效果指的是菜单从屏幕外滑入屏幕内的动画。因为是从屏幕外滑入的，会大面积地遮盖当前页面，所以如果从用户没有关注的位置滑入的话，就会影响设计的前后关系。

例如，如果从页面下方滑入，那么尽管用户原本的关注点在右上角的按钮，但是因为菜单是从用户的视野之外进入的，所以很难向用户传达清楚发生了什么。

而如果从右侧滑入，那么动作的起点刚好是用户关注的部分，就能够保证设计的前后关系，也可以避免用户产生混乱 **图5-6** 。

通过锚链接实现页面内跳转

锚链接（Anchor link）常用于局部导航。这种情况下不是跳转至其他页面，而是在同一个页面内上下移动至特定的位置。锚链接中最重要的是移动位置时的动画。如果没有动画，显示内容突然切换，那么用户就会很难了解发生了什么。但是如果在页面内加入上下移动的动画，就可以告知用户向页面内的什么方向怎样移动，使用户自然地理解显示位置和内容的变化 **图5-7** 。

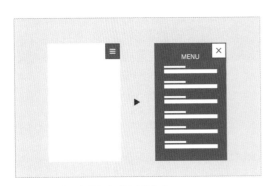

图5-5　单击汉堡按钮之后显示的菜单

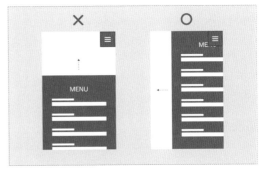

图5-6　汉堡按钮的动作设计案例

从下方滑入会影响设计的前后关系。
而从右侧滑入更能使用户了解发生了什么

为了不影响用户的直观感受，减少用户的等待时间，页面内跳转的动画应该控制在1秒之内。另外，如果是单纯的匀速动画，与通常的页面滑动和用户的

习惯不同，会导致用户产生违和感。而通过变速使速度有分别，不仅能使页面的跳转更舒服，还能更直观地给用户以反馈。

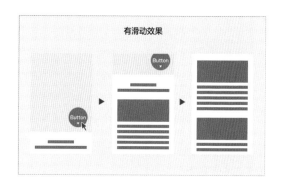

图5-7　比较有无滑动动画的不同效果

页面跳转与淡出动画

跳转至其他页面的时候经常会使用淡出动画。上述页面内跳转的情况下，通常不会使用淡出动画，而是使用移动动画，表现相同内容的连续性，而跳转至其他页面的时候则需要切换展示其他内容。可以利用淡出动画使当前页面淡出，即将访问的页面淡入显示，明确告知用户页面整体内容已经切换。另外，采用这种方法，页面不会突然切换，而是舒缓地变化，用户也能够很自然地理解设计的前后关系 图5-8 。

需要等待读取时的页面跳转动画

如果网站的页面或WebGL（浏览器显示3D效果的格式）使用了较多图片或视频，读取数据需要花费大量时间，那么页面跳转的时候就需要添加加载动画。这样可以将加载图片或文字信息的过程隐藏在动画内，加载结束后显示内容。

加载动画常使用进度条或加载动画（Spinner），但是如果每次页面跳转都显示这一内容，用户就会产生一种"每次都要等"的感觉。而如果在跳转的时候使用两三秒的动画，用户就不会觉得是在等待读取，而是"通过动画了解网站的价值观"，如此一来，便可以保证良好的使用感。P133将会对加载动画进行详细介绍。

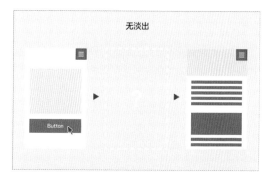

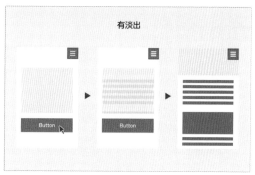

图5-8　有无淡入、淡出的效果比较

03 微交互的设计方法

要

点

微交互指的是对按钮或图标等（微）组件进行操作的时候，

催促操作或反馈结果（交互）的动作或功能。

像微交互这样的细节设计，乍看起来微不足道，但其实会在很大程度上影响用户的使用感。

什么是微交互

微交互能够起到辅助用户页面内操作的作用。以电脑输入文字为例，电脑输入文字的时候，在输入位置能够看到光标在闪烁 **图5-9**。

如果没有这个光标，用户就无法知道当前是在哪里输入文字，所以光标闪烁的作用是向用户反馈当前电脑、网站、软件的状态正常。这种引导用户操作、反馈操作结果的动作或功能就叫作"微交互"。

适当的微交互能够极大地提升用户的使用感。下面按照不同的用户操作介绍几种网站中常见的微交互。

图5-9 输入文字时的光标

鼠标悬停效果

将鼠标停留在按钮或链接上的时候，如果没有任何反应，用户就无法判断是否可以单击。而展示此处为可单击区域的时候，默认使用的微交互是改变文字链接的颜色或显示下划线。

另外，近年来，随着扁平化设计和Material Design的流行，大多数按钮都采用了扁平化设计。这样一来便难以向用户传达其可单击的状态，所以需要设计一个符合内容调性的鼠标悬停效果。

图5-10 是扁平化设计按钮的鼠标悬停效果设计案例，供大家参考。

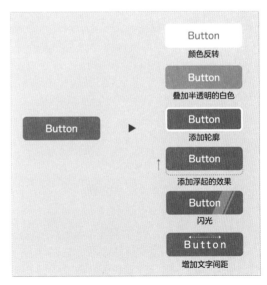

图5-10 多种鼠标悬停效果

单击动作

网页中的按钮需要通过视觉效果对按下按钮的结果进行反馈。

例如，家用的电灯之类的物理按钮，按下按钮之后可以瞬间判断按下按钮的结果。但是因为网页中的按钮没有触觉反馈，所以用户无法判断是否已经按下了按钮。尤其是手机，手指很有可能会遮挡按钮，所以如果按按钮之前和之后的变化不明显，用户就容易产生不安的感觉。

单击动作最大的目的就是反馈。如果加入符合设计调性的动画，就可以展现网站的个性，触动用户的情感。推特于2015年推出的"点赞"按钮的单击动

画 **图5-11** 就是一个非常简明易懂的设计案例。这个设计兼具简明易懂的功能性和促进用户点赞的良好使用感，可以说充分发挥了数字时代的优势。

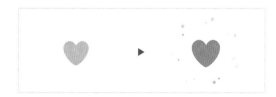

图5-11 推特于2015年推出的点赞按钮

https://twitter.com/Twitter/status/661558661131558915

输入支持、错误提醒

最浅显易懂的就是iPhone解锁时的错误动画。如果输入的密码错误，输入的区域就会左右晃动。这是一个模仿人摇头的拟人化动作，第一次使用的人也可以瞬间理解动画的意思。

网页表单中常见的一个设计就是标签。在初始状态，会如 **图5-12** 的表格所示，将标签语言作为搜索框提示文字（place holder），用户开始输入之后提示文字缩小并显示在左上角，成为标签。这种设计既可以节省空间，又可以永久显示，起到提示的作用。

另外，当用户出现输入错误的时候，如果即时使

用红色方框框住输入文字，不仅不会影响用户的使用感，也不会使用户对输入错误产生一种消极的印象。

图5-12 表单的微交互设计案例

功能或状态通知

例如P136所示的促进用户滑动页面的动画就属于功能或状态通知。如果有网站访问者很难第一眼就注意到的按钮或希望强调某个特定的标记或横幅广告（Banner）等，可以为这些元素加入自然的动画，就可以在不影响其他设计元素的前提下使用户认识到其功能。

下载画面中使用的进度条也属于这一类。通过百分比来显示页面读取状态，可以使用户清晰地了解还需要等待多长时间。并且加载的进度条通常不会匀速推动，一般越接近100%，进度条的推进速度越快。因为用户会根据最开始的推进速度预测出一个较长的

等待时间，而后期加快推进速度之后用户就会自然地产生一种加载很快的感觉。这就是一个做到状态通知的同时又改善用户体验的最佳案例 **图5-13** 。

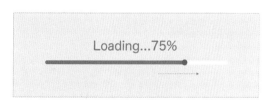

图5-13 进度条越接近100%推进速度越快

04 使用动画的表现方式

要
点
随着YouTube的普及和手机的升级换代，人们在网络上观看视频的频率也大幅增长。
但是许多视频容量大，读取视频需要花费较长时间，导致流失了许多用户。
所以下面介绍一下如何在控制视频容量的同时对其加以有效利用。

使用视频的优势

视频的优点是可以使用户更加沉浸在网站所传达的价值观中，娱乐性和信息传达力较高。与静态的图像和文字相比，视频所包含的信息量更大，用户可以被动地、直观地并且愉快地了解网站所传达的价值观或者获取所需的信息。

例如，电影宣传网站等通常会在网站的开头播放一个电影的预告片，通过这种方式来吸引用户进入电影的世界。

近年来网页中添加的视频多使用YouTube的链接。因为不需要在自有服务器上存放视频，所以服务器的负荷较小，并且还可以促使用户在YouTube上重复播放。

另外，Hero Movie也是一种常见的方式，就是在网站的第一屏使视频占据整个背景。使用所有篇幅展示网站的信息或主视觉，可以明确地向用户传达网站的主要内容。

Hero Movie

如上文所述，Hero Movie指的是在网站的第一屏占据整个背景的视频。可以说是P102所述主页横幅发展成视频的一种形式。

Hero Movie除了能加深印象，还发挥着吸引用户注意力的作用。与主页横幅一样，是网站的脸面一样重要的元素，因此明确希望向用户传达什么内容是非常重要的。

而Hero Movie一旦停止，就无法再发挥吸引注意力的作用，所以需要使视频的结尾和开头部分紧密衔接，形成无限循环的效果 图5-14 。

图5-14　AID-DCCInc.（https://www.aid-dcc.com/）

轻量化技巧

Hero Movie比静态图像的数据容量更大，是导致网站繁重的重要原因。减轻数据容量的方法有"缩短视频时间（10秒左右）""改为黑白视频""缩小视场角"等，最好将容量控制在1MB，最大不超过4MB。如果数据容量仍超出这一范围，那么可以使用视频压缩软件进行压缩。但是这种方法可能会影响画质，如果直接播放画质下降的视频，吸引注意力的效果也会有所下降。要避免画质过于凸显，可以在视频上添加条纹或圆点，遮盖粗糙的画质。这也是使网站实现理想效果的设计手法之一 图5-15 。

因为网站对于数据容量的要求非常苛刻，所以由于容量的限制，很多情况下都不得不放弃大小或画质。这时不要直接暴露缺点，可以采用其他方式掩饰缺陷，以保证整体的效果和质量，这也是网页设计的一项重要技能。

图5-15　第一高周波工业 | DHF（http://www.dhf.co.jp/）

PNG或GIF制作的帧动画

许多网站都将静态图像做成了逐帧播放的效果，看起来像动画。这种动画叫作"帧动画"（Frame Animation）。安装的时候除了直接使用GIF动画，还可以将每一帧的PNG图片使用连号的文件名保存，再通过JavaScript设置为连续展示，通过这种方法制作成动画。

与普通视频的最大区别是，PNG或GIF图像可以透过背景，不需要像普通视频一样在意长方形的轮廓，所以可以很好地融入网站背景，使用起来非常方便 图5-16 。和GIF一样，PNG里面也有APNG动画文件格式。但是支持这种格式的浏览还非常有限，所以在实际的网页制作中几乎不会用到。

图5-16　Payme | 作为一种福利制度提供工资日结服务
（https://payme.tokyo/）

文字动画

希望通过文字吸引用户注意力的时候可以使用文字动画。例如，通过动画逐字展示并强调文字内容，将可以使用户的注意力紧紧跟随每一个文字，更容易向用户传达网站的价值观。比较常见的还有通过动画模拟手写文字的设计，这种方法可以营造一种真的在现场写字的真实感，设计也更加具有人情味，便于传达价值观 图5-17 。这种动画也与日式风格的纵向布局十分契合。

安装形式多种多样，可以使用上述PNG或GIF帧动画、SVG动画、WebGL等。决定了希望展现的创意之后，可以与工程师商量决定具体的实现方式。

图5-17　冈崎明治酒场 | KYOTO-OKAZAKI MEIJI SAKABA
（https://meijisakaba.jp/）

05

滚动动画、效果

要
点

随着智能手机的普及，纵长型的网站越来越多。

这样一来，滚动操作变成了网站操作的前提，在此背景下，许多网站都加入了动画和效果。

下面介绍一些常见的表现或手法。

视差效果

　　视差效果指的是用户滑动页面的时候，使不同元素按照不同速度滚动的技术。通常滑动页面的时候，页面是以一个整体的形式上下移动，但是视差效果可以使页面中存在多个层次，不同层次的滑动速度不同，以此实现视差效果，为用户营造一种纵深感。

　　从电车的窗户里看外面的风景时，远处的事物会慢慢靠近，近处的事物会快速远去。这种现象就叫作"视差效果"。而网页设计的视差效果可以指定表面的层次和深处的层次，使表面层次快速移动，深处层次缓慢移动，这样一来可以营造一种网页内还存在一个幽深空间的错觉。

　　视差效果适用的场景是"希望通过空间感来展现价值观""希望产生浮游的感觉"。"馆鼻则孝与日本香文化" 图5-18 的网站布局看起来就像是将文字在空中起舞的瞬间拍摄下来的照片一样，这种布局与视差效果形成了有机的结合。强调了文字的浮游感，可以说是最有效地发挥了视差效果的设计案例。

　　经常见到视差效果的另一种表现就是，与图像的蒙版相结合。例如"迪桑特" 图5-19 的网站就是将商品图片的位置固定，仅滑动蒙版，将用户的注意力集中到商品图片上。能够将实现集中到滑动速度不同的元素上也是视差效果的特点之一。

图5-18　馆鼻则孝与日本香文化-NORITAKA TATEHANARETHINK
（http://rethink.noritaketatehana.com/）

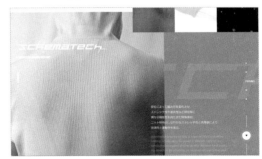

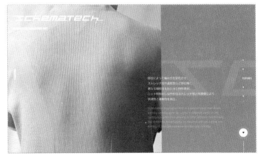

图5-19　迪桑特官方网站
（https://allterrain.descente.com/fusionknit/）

切入 / 淡入

　　用户滑动页面的时候，窄长、容易显得单调的网站通常会使文字内容或图片从窗口外滑入，或采用淡入显示的方法。因为图片或文字是从只有背景的状态下显示的，所以可以吸引用户的注意力。另外，滑动页面的时候会依次显示内容，可以有节奏地显示出页面的整体内容，只要动作和设计相协调，用户就会满怀兴趣地看到最后。

　　切入或淡入的时候，动画的不同速度或效果会产生不同的印象，所以相对有效的方法是迎合设计的调性。

　　例如，"星野轻井泽" 图5-20 的网站使内容以0.9秒的速度淡入，并且采用了ease-in-out（开始和结束为慢速，中间为快速）。因为整体设计的调性具有高级感，令人舒适、放松，所以选择了舒缓的动画，为用户呈现良好的体验。

　　而"NiKe | Cortez" 图5-21 的网站则是一个比较时尚的参考案例。该网站通过视觉效果展示了20世纪70年代至21世纪第一个十年的Cortez与时尚这一主题。图片会从窗口外横向移动至用户视线中，这种动画形式具有一种跳脱感，凸显了前卫、直率的时尚感受。

图5-20　星野轻井泽 | 温泉旅馆【官方网站 】
（ https://hoshinoya.com/karuizawa/ ）

图5-21　Nike | Cortez
（ http://circulardev.com/nike/cortez/ ）

横向滚动

　　在2010年Flash流行起来之前，横向滚动的网站是非常常见的，但近年来这种设计案例显著减少。因为横向滚动的网站在手机端浏览的时候其可用性就会大幅下降。如果采用横向滚动的设计，就需要单独制作手机端的页面，开发过程耗时耗力。而且大多数的内容并不是只能依赖横向滚动的设计来展示。

　　例如，图5-22 是《日本包材株式会社》的网站，该公司主营行李箱维修、租赁、清洗、保存业务。因为行李箱大多数时候的使用情景是拖着行李箱走路，所以非常适合横向的网站结构。并且该网站为行李箱的图片添加了横向滚动效果，所以即便图片是静态的，但是看起来却好像动起来了。这一点也是非常新颖独特的。虽然这个主题非常适合横向滑动，但是用户已经习惯了纵向滑动，所以可能会感到困惑。并且

　　该网站在手机端浏览的时候是纵向滑动，用户在电脑端浏览网站的时候也会下意识地纵向滑动，所以最好用户无论纵向还是横向滑动页面，都显示滚动效果。

图5-22　日本包材株式会社 | 行李箱维修、租赁、清洗、保存
（ https://www.nihon-houzai.co.jp/ ）

06 互动性内容

要点

互动性内容指的就是与用户"互动性地=对话+双向"交易的内容。

通常会使用高级的技术，多用于需要具备娱乐性的网站。

主观视角的体验内容

"谷歌街景井之头街" 图5-23 就是许多人都比较熟悉的主观视角的内容之一。它与俯瞰视角的地图不同，可以使用户模拟体验到实际去现场才会看到的场景和感受到的氛围，是一种行之有效的方法。

除此之外，"埼玉Arena"的官方网站提供了模拟周边情景的360°立体展示，用户购票前可以首先确认一下从自己选择的座位看向舞台的视野。由于"RICOHTHETA"等工具的出现，源图像的拍摄更加简单便捷，也使得360°立体展示内容更易实现。

图5-23　谷歌街景井之头街
（ https://goo.gl/maps/V6zuQyb1LAF2 ）

游戏内容

游戏内容当中虽然有单纯的网络游戏，但是网页制作中更多的是制作一个小游戏，作为商品宣传的一部分，便于在SNS上引发话题或在SNS上扩散，吸引用户 图5-24 。

近年来，游戏内容的特点是在手机端玩的游戏显著增多。同时，由于现在大多数用户习惯了通过手机获取信息，且手机性能不断改善，所以目前专门在手

图5-24　彪马® RS-0 Play （https://www.rs0playthegame.com/ ）

机上玩的游戏数量显著增加 图5-25 。

手机端游戏网站的优点是可以使用手机上搭载的传感器。例如，手机上的角速度传感器可以获得X、Y、Z三个轴的信息，从而解析手机以怎样的频率向哪个方向倾斜。可以利用这一点，将视角移动到倾斜的方向，或者使角色的前进方向随着倾斜方向实时调整，以此制作具有临场感的主观视角的游戏。

除此之外，根据位置信息改变背景，利用相机将周围的景色加入游戏中，这些都是手机端独有的优势。并且与推特、Instagram、Facebook的兼容性更高，所以可以利用SNS开展宣传活动。

图5-25 耐克突破速度挑战赛
（ https://a.nike.com.cn/fast/ ）

视频组合型内容

其实这不是一个固定的术语，这里是指用"视频组合型内容"在网站中添加多个视频，按照用户的操作进行播放具有故事性的内容。它的优点是用户不需要观看冗长的视频，而是可以结合文章和图片体验网站所传达的价值观，且不会对用户形成强迫感，从而可以避免用户产生厌倦。

"DC.Description" 图5-26 的网站便将主观视角的内容和视频内容进行了有机的结合。随着用户根据主观进行选择，网站会播放工厂的360°视频影像。选择这种方法的原因是，比起播放所有的视频，不如从用户的兴趣入手，遵循用户的主观感受，使用户体验到网站的价值观。

图5-26 DC.Description（ https://glueckauf.wdr.de/ ）

用户原创内容

用户原创内容（UGC）指的是用户在网站上进行输入信息、绘图等操作，并将其结果生成图像等内容。因为每个用户生成的内容各不相同，所以常用于促进SNS分享，在SNS上引发话题讨论，促使用户体验公司产品或服务。

例如，"明信片设计Kit" 图5-27 的网站为了实现日本邮政明信片的促销活动，用户只要在网站选择设计、上传照片，就可以制作一张原创的明信片，还可以填写邮寄地址，所以用户可以真的在网页上完成明信片的邮寄。

图5-27 明信片设计Kit（ https://design-kit.jp/ ）

动态设计的趋势

动画的存在是以设计为前提的，只是在设计的基础上添加动作，所以动画的发展趋势在很大程度上会受到设计发展趋势的影响。随着手机性能的显著提升，WebGL的网站逐渐增加。

与WebGL相结合的实时加工

WebGL是Web Graphics Library的简称，可以实时对2D、3D图像进行渲染，适合用户互动性网站。视频作家田岛太雄先生的作品网站 **图5-28** 的背景便是视频，并且在切换内容的时候添加了波浪特效。动作整体非常流畅，完全感觉不到程序实时处理时容易出现的不自然的感觉。该网站通过效果充分地展现了网站调性中的空气感和细腻感，是一个极具参考价值的设计案例。

动画复兴

最近时尚界率先出现了20世纪八九十年代街头时尚的回潮，奢侈品牌争相引入街头元素。在这一趋势之下，网页动画方面也开始使用与当时的GIF动画相似的动作。"adidas" **图5-29** 的宣传网站中使用了单纯的旋转效果或立体感的LOGO，鼠标的悬停效果也完全是互联网黎明时期的风格。网站中核心的小游戏使用的是WebGL，该网站的设计可以用"温故知新"四个字来概括。

以粒子为特色的动画设计

"KIN"的网站使用了技术设计中经常见到的粒子表现。菜单切换的时候会用粒子形成地形，且粒子会随着鼠标的移动而做出反应，单击时粒子扩散，粒子的动作使得网站趣味盎然 **图5-30** 。这是一个粒子表现的细致性和丰富性方面的极好例证。

图5-28 通过WebGL进行实时加工

TAO TAJIMA | Filmmaker
http://taotajima.jp/

图5-29 复古街头风的动画

YUNG系列运动鞋 | adidas
https://www.adidas.com/us/yung

图5-30 粒子表现

KIN-OfficialMovie Site
https://kin.movie/

索引

[字母]